猫だって……。

猫だって、十猫十色

猫だって、
初恋の彼をわすれない

猫だって、
愛をつないで生きていく

佐竹茉莉子《さたけまりこ》 著

猫だって……。

「猫好きが集まるサイトを開いて、人と猫のしあわせな共生をめざします。毎週1回、ブログを書いてみませんか」

神戸の通販会社フェリシモさんから、そんな声をかけていただいて、7年がたちました。

タイトルを「道ばた猫日記」としたのは、道ばたにいたことのある、または、今も道ばたで暮らしている猫たちが、穏やかな日々を過ごせますように、との思いからです。

猫たちの物語をありのままに紹介することで、その猫を見守る町や村、寄り添う人々の物語をも紹介する形になっていったのは、ごく自然なことでした。

2015年春には、ブログから22匹を選んで、『しあわせになっ

た猫　しあわせをくれた猫』という本が生まれました。２０１７年春には、ブログで反響を呼んだ里山暮らしの全身マヒの猫「さっちゃん」と仲間たちの日々をまとめた『里山の子、さっちゃん』という本が生まれました。

この本は『しあわせになった猫　しあわせをくれた猫』の続編ともいえますが、さらに個性的な猫たちを選び、すべて猫自身の語り口としました。事実は誇張なくありのままですが、猫の気持ちは私が代弁しています。

猫たちが語るそれぞれの愛情物語を、どうぞ聞いてやってください。

佐竹茉莉子

猫だって……。

もくじ

episode

1

猫だって……

いっぱいおしゃべりしたいことがある

ひとりぼっちでお腹を空かせて
うずくまっていた白い仔猫。
「どうしたの」と声をかけてくれたのは、
やさしいお兄さんでした。

「モコ、お散歩に行くよ」

今日は土曜日で、マサキお兄ちゃんはお仕事がお休み。アタシは大好きなお兄ちゃんの腕の中で、家のまわりの景色を楽しむの。

「ニャ、ニャ（今日は空が青いね）」

「ニャ、ニャア（あの葉っぱの匂いが嗅ぎたい！）」

「モコはおしゃべりだね」って、お兄ちゃん。

だって、アタシ、おしゃべりしたいことがいっぱいあるんだもの。マサキお兄ちゃんは、アタシの運命の人だから。

あの夜。仔猫のアタシは、ひとりぼっちで湿った落ち葉の上でうずくまってた。辺りは真っ暗。ひもじくてカエルを食べたけど、お腹をこわ

photo: MASAKI

してしまって、もう動けなかった。

「どうしたの」

その声だけで、やさしい人って、すぐにわかったわ。だから、しゃがんだその人の足元にすがりついて、必死に肩までよじ登ったの。

それが、マサキお兄ちゃんとアタシとの出会い。その時、お兄ちゃんは、研修のためにたまたま県外からこの町に来ていたの。コンビニに行こうと、工場内の宿泊施設から出たところで、アタシを見つけたというわけ。

ガリガリに痩《や》せ、うす汚れたアタシを肩に乗せたまま、お兄ちゃんはコンビニまで歩いて、猫缶を買ってくれたわ。

ガツガツ食べてるアタシの横で、お兄ちゃんは、お母さんに携帯で相談してた。「仔猫を保護したいんだけど」って。

「いいよ」って返事が聞こえてきた。

ちょうど金曜の夜だったから、翌朝は家に帰る予定だったみたい。それで、宿泊施設の人に仔猫をひと晩

泊めたいと頼み込んだけど、断られて、アタシを元の場所に置いてこう言い聞かせたの。

「いいかい、明日の朝までここにいるんだよ」

アタシ、ちゃんと言いつけを守ったわ。翌朝、アタシが落ち葉の上で眠っているのを見つけたお兄ちゃんは、うれしそうだった。

家に着くなり、アタシは獣医さんに連れて行かれた。お母さんが、アタシが息をするたび、お腹がペコペコ鳴るのに気づいたの。検査の結果、あばら骨が折れてて、肺に穴が開いていて、呼吸のたびに肺から漏れた空気がお腹に入ってたんだって。

さまよってた日々、木から落ちたこともあったし、通行人に足蹴《あしげ》にされたこともあったから、いつからそ

うだったのかわからない。

カエルにしか寄生しない虫もいて、危なかったみたい。お兄ちゃんに声をかけてもらわなかったら、アタシ、道ばたで死んでた。

あれから、2年。アタシは、誰からも「真っ白で綺麗な猫さんですね」と言われる猫になったわ。

お気に入りの場所は、キッチンの出窓なの。バードウォッチングもできるし、お母さんにお刺身のおねだりもできるし。

あとね、神棚の上も、部屋中が見渡せて気に入ってるんだ。

この前、マサキお兄ちゃんが、上のお兄ちゃんと口げんかしてたの。アタシ、別の部屋の中から「ニャッ、ニャッ（どうしたの、どうしたの）」って、声をかけ続けた。そのあと、廊

下でマサキお兄ちゃんがしゃがみこんでたから、「ニャ、ニャ、ニャ（大丈夫？）」って慰めながら、手や腕を舐め続けてあげたわ。あとで、お兄ちゃん、「猫が一生懸命慰めてくれるなんて、ほんとにびっくりした」って言ってた。
　お母さんはアタシに言うの。
「モコが来てから、家の中で楽しい会話が増えたわ。モコは家族よ。それにしても、モコは毎日何をおしゃべりしてるの」って。
　今日も、アタシ、いっぱいいっぱいおしゃべりするの。「遊んで～」「オヤツちょうだい～」だけじゃなく、「助けてくれてありがとう」「この子になってうれしい」ってこと、毎日聞いてほしいから。

episode

2

猫だって……

ちゃんと家族の一員さ

小さな商店街の青果店。
店先に座るのは、どっしり大きな茶白猫。
毎朝、トラックの助手席に乗って
出勤してきます。

母ちゃんの運転するトラックの助手席に乗って、今日も、おいらは店にご出勤。店までほんの10分だけど、道中景色が楽しめるように、助手席はおいら仕様で木箱を置いて高くしてあるんだ。愛されてるだろ。

「おう、とら、来たか」

ひと足先に店に出て、開店準備をしてた父ちゃんが、おいらに笑いかける。おいらは、父ちゃん母ちゃんの自慢の次男坊なのさ。

「藤原青果店」は、父ちゃんと母ちゃんとおいら、家族でやってる店なん

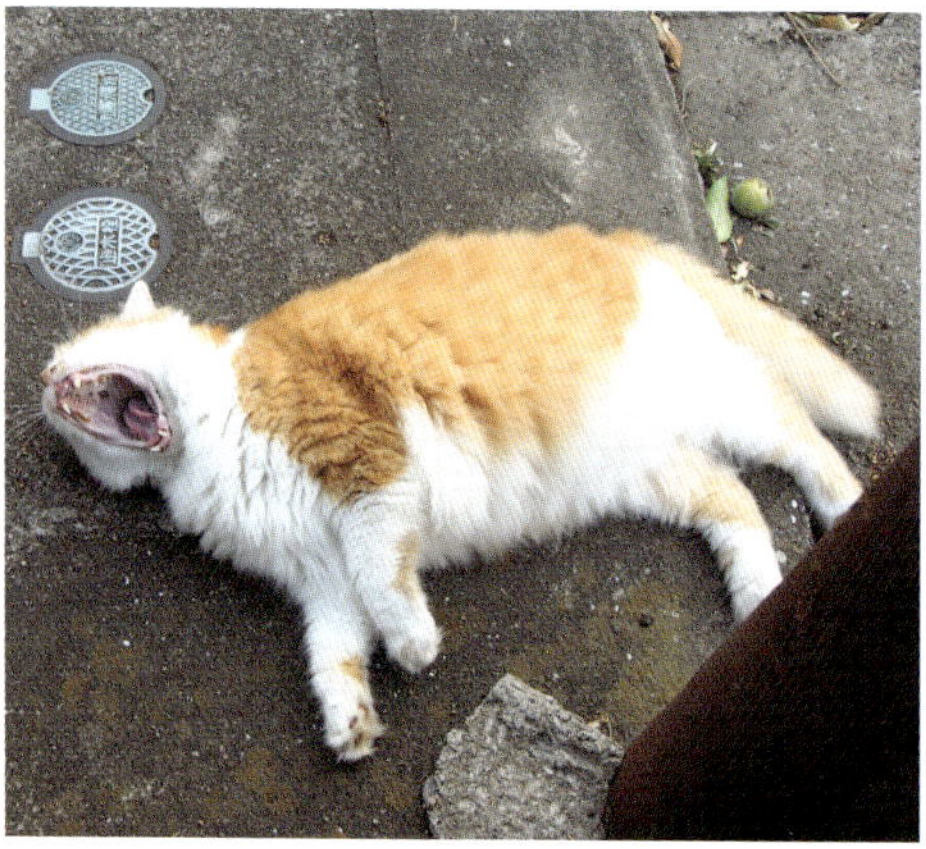

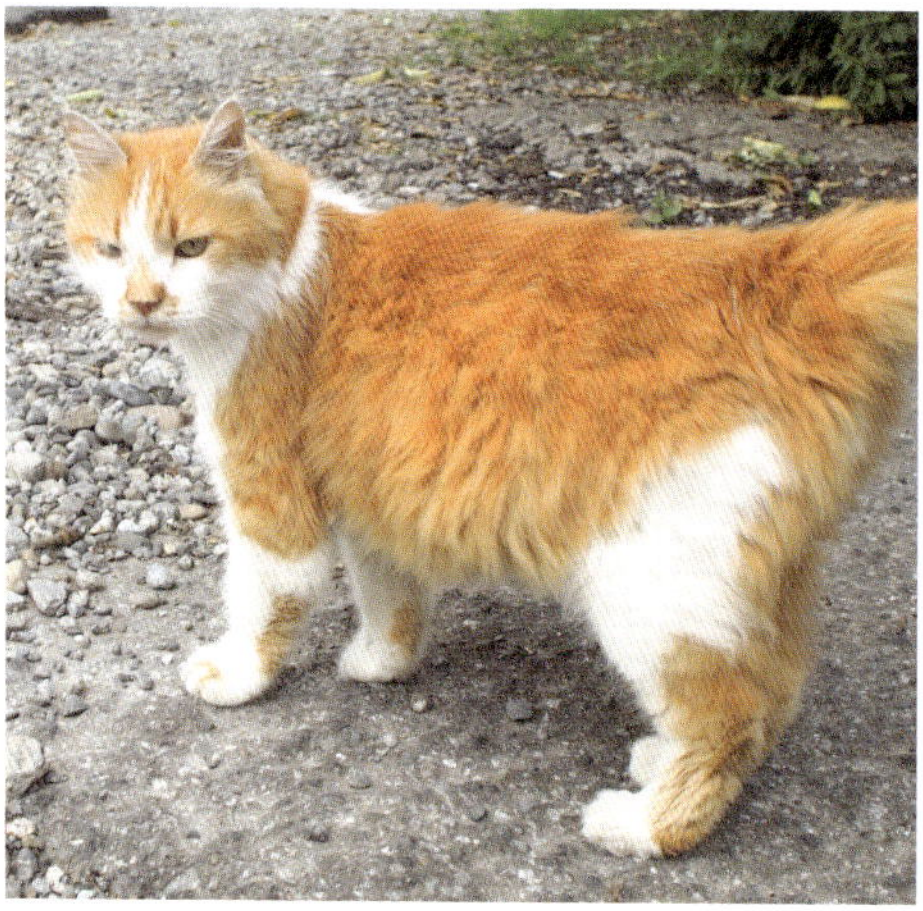

だ。父ちゃんが仕入れ部長、母ちゃんが販売部長、おいらが営業部長ってとこかな。

おいら、10年前まで、流れ者のノラやってたんだ。ちっちゃい時の猫風邪で、右目が白く濁ってるけど、不自由はしなかったさ。あの日は、朝からなんにも食ってなくて、食いもん落ちてやしないかと歩いてたら、この商店街まで来ちゃったんだ。

「おいで～」

道の向かいから声がかかった。

おいら、通りを渡って、母ちゃんに食いもんもらって、そのまま店に居着いちゃったのさ。父ちゃんとも、すぐに気が合ったし。

あとで母ちゃんにその時のこと聞いたら、こう言うんだ。

「あんまりトボトボ歩いてんだもん。その様子が可哀そうでさあ」

当時、父ちゃんたちは家で、猫が苦手な室内犬を飼ってたから、おいらはとりあえず店猫になったのさ。閉店してからも店を離れずに、シャッターの前の荷台の上で夜を過ごしてた。

そんで、ワン公が旅立ってから、

おいら、晴れて家猫になったんだ。父ちゃんが表札に、父ちゃん、母ちゃん、長男（ニンゲンのね）の名前に続いて、おいらの名前を書き入れてくれた。「とらも家族の一員だから」って。

だから、うちの表札には、4番目に「虎ノ介」って、ちゃんと書いてある。そう、おいらの本名は「藤原虎ノ介」っていうんだ。カッコイイだろ。

おいら、家猫になっても、店が大好きだったから、トラックの助手席に乗って出勤するようになったってわけさ。

母ちゃんの「とら、行くよ～」って声を聞くと、おいらは玄関に向かう。声をかけられる前に玄関でスタンバイしてる時もある。

猛暑や大雨の日は出勤拒否することもあるけどな。「暑いから、とら、早引けしな」って、母ちゃんが家まで送ってくれる時もある。

　おいらは、店にいるだけで、ちゃんと仕事してるのさ。おいらのファンのお客さんは多いからね。「とらちゃん、相変わらずいいオトコだね」って、撫でてくれて、買い物していってくれるんだ。

「男前だろ」って、父ちゃんはうれしそうにうなずいた後、決まってこう続けるんだ。

「俺の若い頃によく似てさ」

おいら、体がでっかいから、散歩中のワン公も、無礼のないようによけて通るよ。見回りに出かける時も、手をあげる代わりに尻尾をピンと立ててゆっくり通りを渡ると、車はみんな停まってくれるんだ。

8キロ半だった3年前を最後に体重は量ってない。だって、量りに乗り切らなくなっちゃったんだ。ちっちゃい子はよく、おいらを見て、「犬？」ってママに聞いてるよ。

そんなおいらでも、たったひとつだけ、怖くてたまらないものがあるんだ……。そいつは、不意にゴロゴロって空からやってくるから、おいらはビビりまくってトラックの下に身を隠す。

そこだけが、おいら、カッコイイ父ちゃんに似なかったんだな。

episode

3

猫だって……

邪魔な命なんかひとつもない

居候していた牧場から
「保健所行き」の宣告が！
危機一髪のちくわくんを
迎えてくれたのは、
ひとつ屋根の下で、
ワケアリ猫たちが暮らす
里山でした。

オ

レ、ちくわ。

この前まで、とある観光牧場で暮らしてた。といっても、オレが勝手に居着いちゃっただけなんだけど。

ノラだったオレが、空腹のあまり入り込んだとこは、牛やら羊やらいっぱいいて、休日には家族連れでにぎわう大きな観光牧場だった。ここは動物好きが集まるところなんだと安心して、居候を決め込むことにしたんだ。

ご飯は、スタッフやバイトのお姉さんや、お客さんがこっそりくれた。牧場内を、オレは自分の庭みたいにお気楽に歩き回り、羊の行進とかのイベントにも自主参加してたんだ。

ところが、それが牧場経営のお偉いさんの耳に入っちゃった。

「邪魔だ。保健所へ送れ！」

仕方なく、スタッフたちはオレを追っかけ回した。だけど、オレ、他に行くところがないから、逃げては舞い戻ってた。バイトのお姉さんが必死に電話をかけまくって、オレの行き先を探してくれた。

里山カフェをやってる麻里子さん

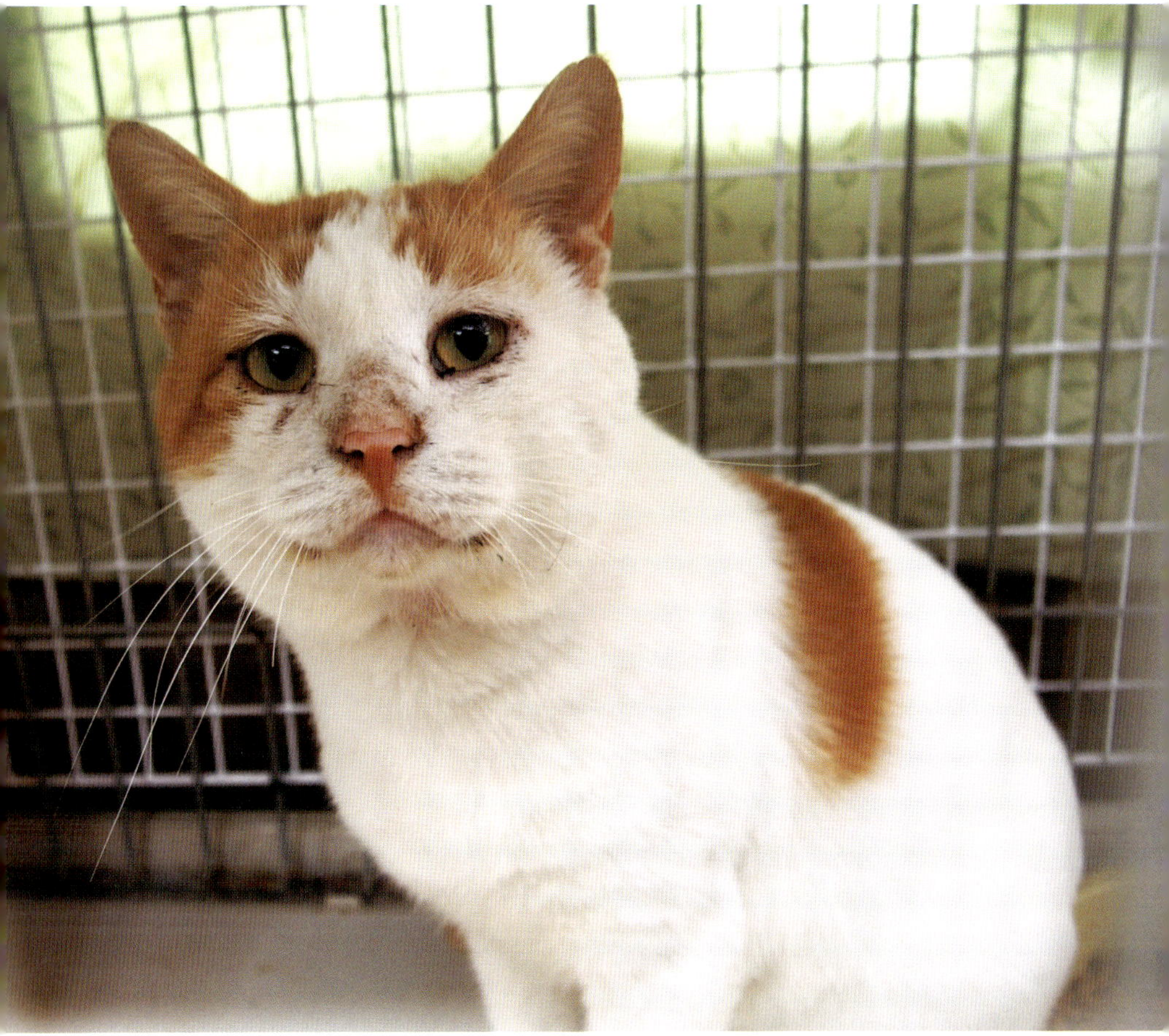

が電話の向こうで「連れておいで」と言ってくれたのは、オレの命の期限ぎりぎりの日だった。

麻里子さんは、オレが3歳過ぎのオス猫で、これまで一匹狼で暮らしてた放浪猫だから、ここにいる猫たちとうまくいくか心配したらしい。他の猫たちは、みんな仔猫の時に持ち込まれて、先住猫に面倒を見てもらって、また次にやってきた新入りの面倒を見るって具合に、順繰りにうまくいってたからね。

オレは様子見のために猫小屋の中の大きなケージに入れられた。でっかい風体《ふうてい》で、ガツガツご飯を食べ、朝夕でっかいウンチをする新入りを、みんな呆れて眺めてた。

「オレ、新入りのちくわ。よろしくな」

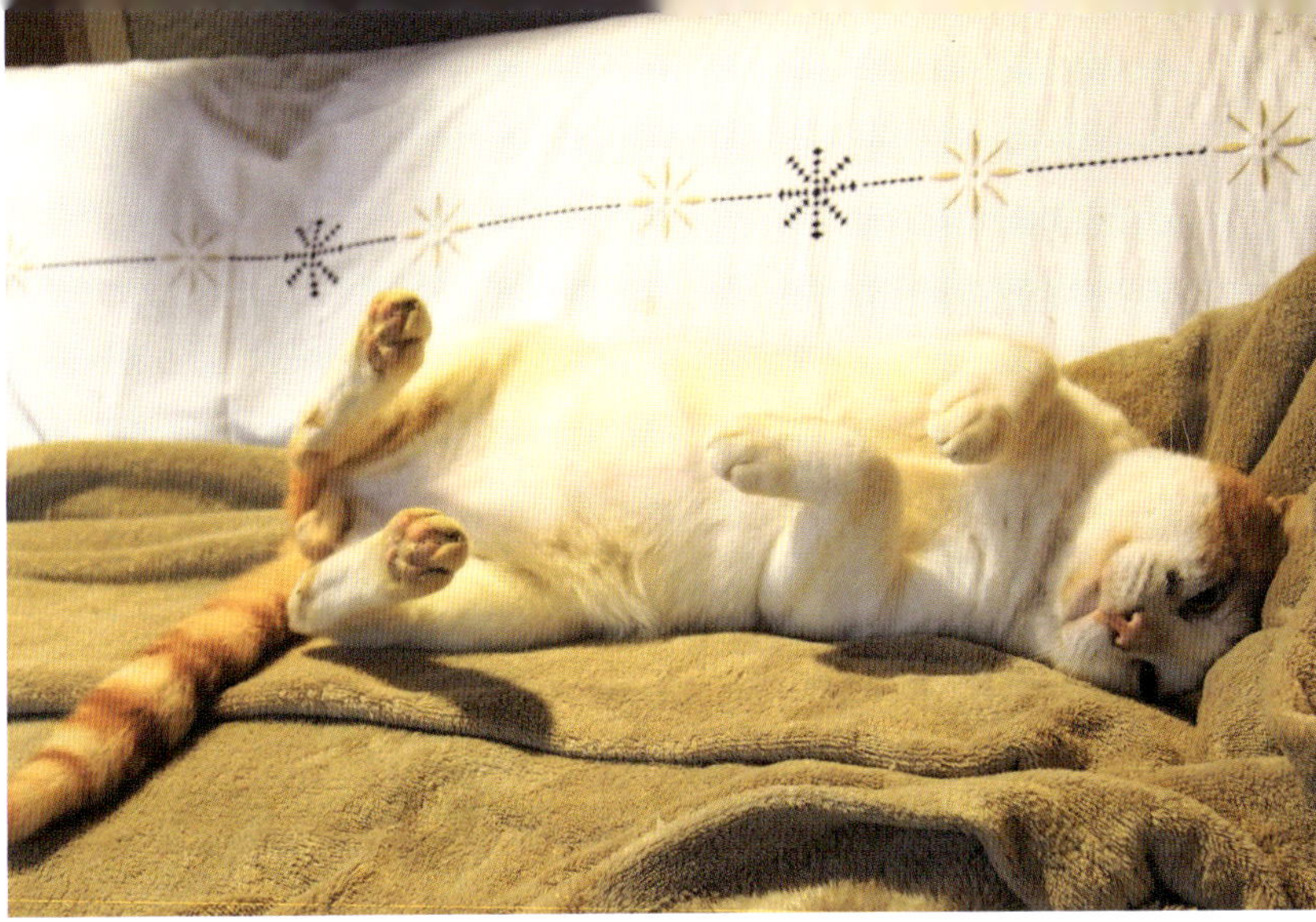

オレはひたすら下手に出て、大きな図体してるけど、平和を乱すような厄介な奴じゃないことをアピールした。ゴローくんは、「なんでケージにいるの?」って、よく話しかけてくれたし、ヒロミちゃんは、歓迎のタッチをしてくれた。

2週間後、オレは広い猫小屋内でフリーにしてもらった。いろんな場所に毛布があって、どこでも好きなとこで寝ていいんだって。

初めての毛布、初めての屋根の下、初めての仲間。うれしくって、毛布の上でコネコネといろんなポーズをしちまったぜ。

ゴローくんやヒロミちゃんたちは、全身マヒのさっちゃんを囲むようにして、真ん中の大きなベッドで寝るんだけど、オレはひとまずソファー

の上を選んだ。寒くなってきたら、みんなに混ぜてもらうつもりさ。
　しばらくたって、外にも出してもらった。ゴローくんたちが裏の原っぱに案内してくれた。
　ああ、なんて気持ちのいいところなんだ。ゴロンゴロンできるクローバーの草むらや、木登りできるいろんな木や、探検できる納屋や裏山。それに、広い空。やさしい父さんと母さんと仲間たち。

　安心して、へそ天で寝ころんでいられるじゃないか。

　遊びに来た子どもたちに、いつのまにかオレは囲まれてた。

「この猫、おっきくて強そう」

「だけど、なんかかわいい」

「あ、ゴロゴロ言ってる。すっごくかわいい」

　え、オレ、まさかの里山カフェの人気者に？　えへ、「背中にハートと天使の羽根があって、触るといいことがあるラッキー猫」って有名になったりして。

　オレ、もう追いかけ回されなくていいんだね？　邪魔な命なんてひとつもないよね？

　もう、みんなと同じ里山の子になったんだよね。

episode

4

猫だって……

ずっとの我が家がほしい

家族にしてくれた人との
二度の別れを経験した
三毛猫たまちゃん。
ずっとの我が家が見つかるのを
保護猫カフェの片隅で
待ちわびていました。

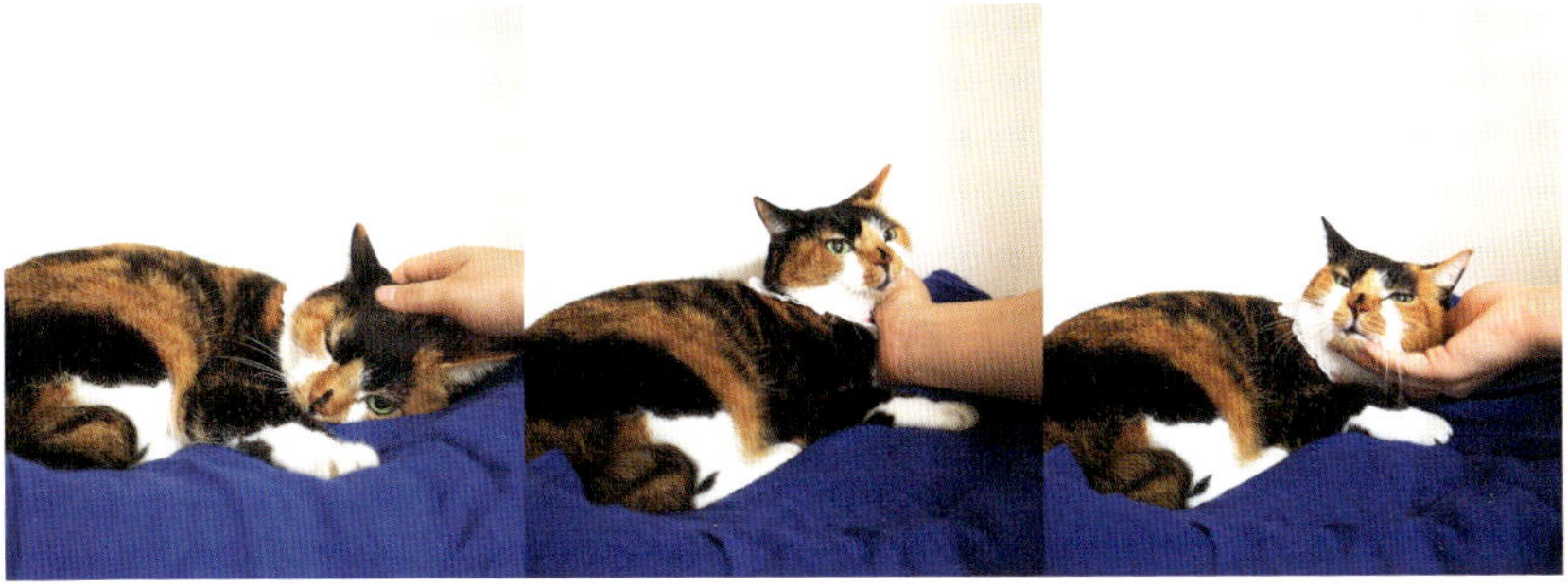

アタシの名は、たま。

一度見たら忘れないお顔なんだって。「お鼻に墨がついてるよ」ってよく言われるわ。

アタシ、今でもお客さんが来ると、お布団の奥に隠れちゃうの。もうどこにも連れて行かれないってわかってはいるんだけど。

最初に暮らしたお父さんは、アタシのこと、すごく大事にしてくれた。夜通しの仕事が多かったけど、アタシ、お利口にお留守番してたの。

だけど、お父さんはアタシの猫缶を買うお金にも困るようになって、泣く泣くアタシを手離すことになってしまったの。

アタシを引き取ってくれたのは、お父さんよりずっと年上のひとり暮らしの女の人だった。そこでも、ア

タシはとってもかわいがってもらえたわ。

　2年たったある日、朝になってもお母さんは起きてくれなかった。次の朝も、その次の朝も……いくら待っても起きてくれなかった。

　訪ねて来た人が、お母さんの枕元を離れないアタシを見つけた。アタシはまた飼い主も家もなくしたの。

　アタシは「一時預かりさん」の家を転々としたあと、保護猫ラウンジに預けられたわ。「二度もつらい思いをした子なので、できれば、たまちゃんだけをずっと愛してくれる家庭に」が、保護してくれた人の希望だった。

　アタシ、ずっとひとりっ子だったから、合宿生活が苦手で、いつも一番高い場所に陣取って、ご飯もデリ

バリー個食を続けていたわ。

　ある日、やさしそうなお姉さんがラウンジに来て、高いとこにいたアタシに手を差しのべて、そっと撫でてくれた。こんな風に、昔はいつも撫でてもらってた。たまらなく懐かしくて、アタシ、その手をペロペロ舐めた後、スリスリした。

　次に、そのお姉さんといっしょにきたパパは「マサコはなんでこんな変わった模様の子を気に入ったんだ?」って言ってたわ。

　アタシはその家にもらわれた。初めて猫を飼うおうちで、アタシがおとなしそうで甘えんぼさんなのが気に入ったんだって。

　パパは消防士をしてて、ママも、マサコお姉ちゃんも、2人のお兄ちゃんたちも、みんなお仕事を持って

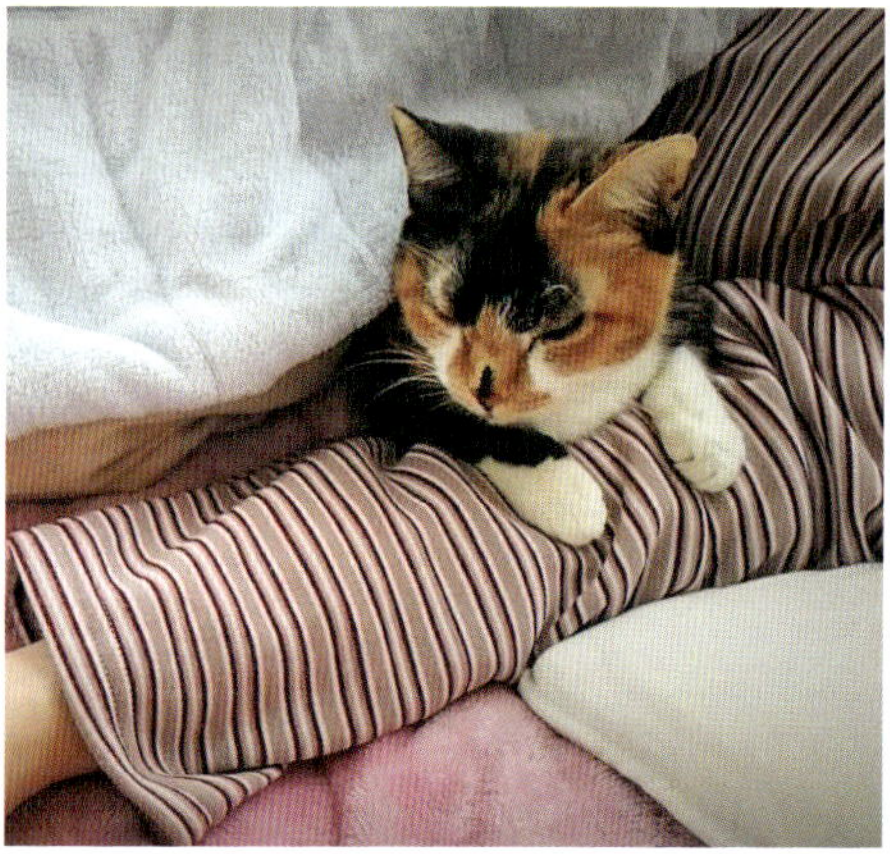

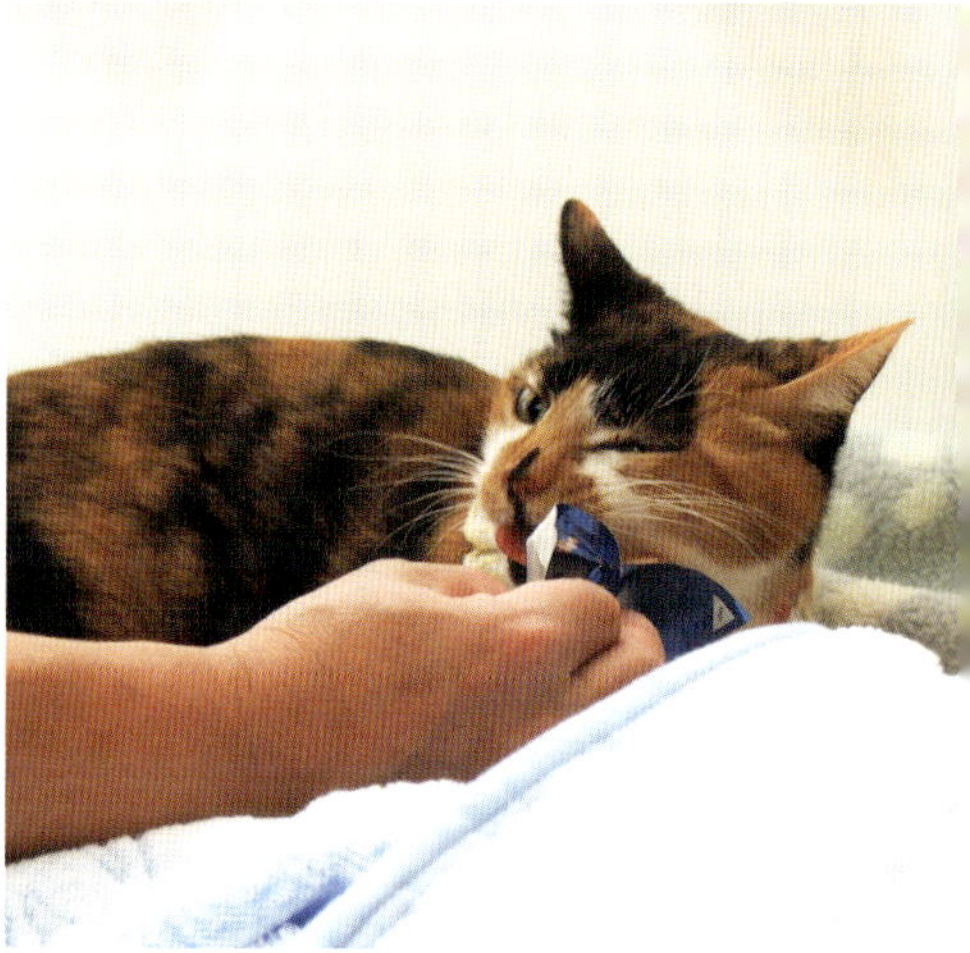

photo: MASAKO

るけど、お休みをずらしてとってくれるの。アタシをひとりぼっちにさせないように。

アタシ、誰かのそばにいないと不安なの。たまにみんなが出払ってしまう時があると、毛布やシーツの奥に潜りこんで、トイレにも行かずにじっと待ってるの。

検診のために獣医さんに連れて行かれる日はパニックになって、「どこへ連れてくの〜〜」って大声で泣き続けちゃう。「飼い主との分離不安」ってことらしいの。

だけどね、この頃はだいぶ落ち着いて、オテンバも始めたわ。だって、このおうちの人たち全員、アタシにメロメロなの。

パパなんて、家にいる時は、10時とお昼と3時に、職場にいる家族あ

てに「今のたまちゃん」ってラインを送るの。「ご飯食べたよ〜」とか「いいウンチしたよ〜」とか。みんなもそれを心待ちにしてて「よかったね〜」ってすぐ返事がくるわ。アタシが5分動かないだけで、みんな心配するの。

みんな、アタシが来てから、まっすぐ家に帰ってくるの。それで、アタシを囲んで、笑い合ってる。お兄ちゃんたちが口げんかを始めた時も、ママが「たまちゃんが見てるよ」って言うと、ピタリと収まるの。

みんながいつも言うの。「ここがたまちゃんのずっとのおうちだよ」って。

「おばあちゃんになっても甘えんぼのままでいいから、うんと長生きするんだよ」って。

episode

5

猫だって……
愛されたら愛され顔になる

ゆめくんは、
ニンゲンが大好きな
おっとりやんちゃ猫。
愛され顔のヒミツは、
6人のママが降り注いでくれた
愛情にあるようです。

「ゆめって、ほんとに愛され顔だね〜」

ボク、いつもそう言われるんだ。おうちのママからも、ボクに会いにくるママたちからも。

そう、ボクには、産んでくれたママのほかに、人間のママが6人もいるの。拾ってくれた、さとママ。交替で育ててくれた、4人のママ。ボクをおうちの子にしてくれた、ゆうこママ。

みんなで「ゆめ坊、すくすく大きくなあれ」って育ててくれたの。

ボクの左目、仔猫の時にウイルスが入ったせいでちょっと膜がかかってるの。だから、何かをよく見ようとすると、首がかしぐの。その様子がまたかわいいんだって。

photo: AZUMI

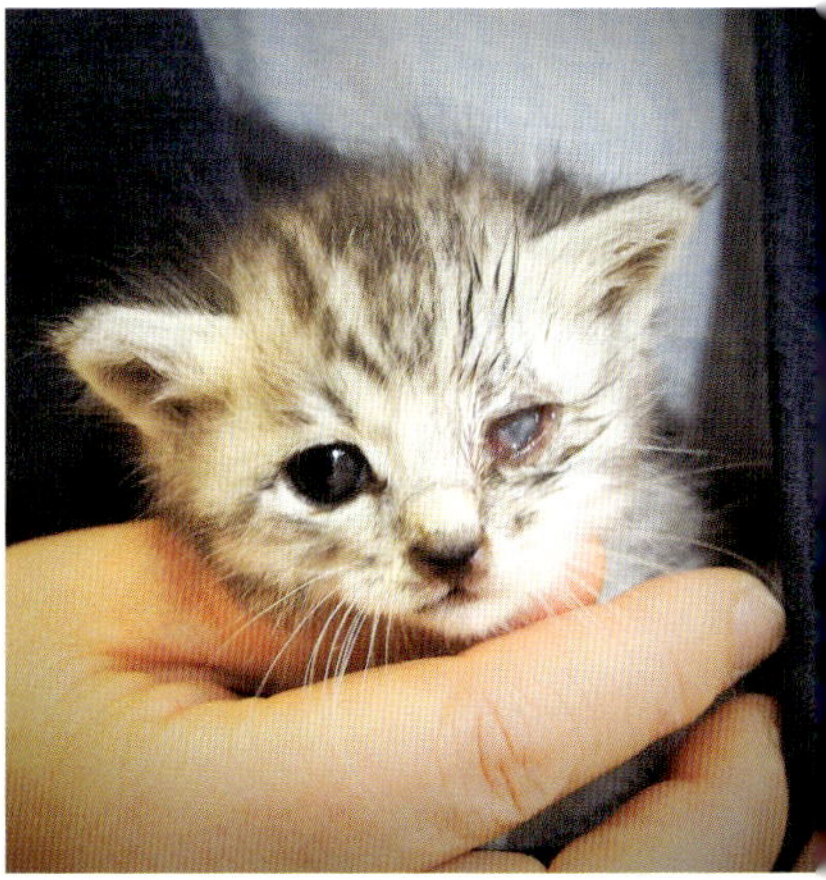

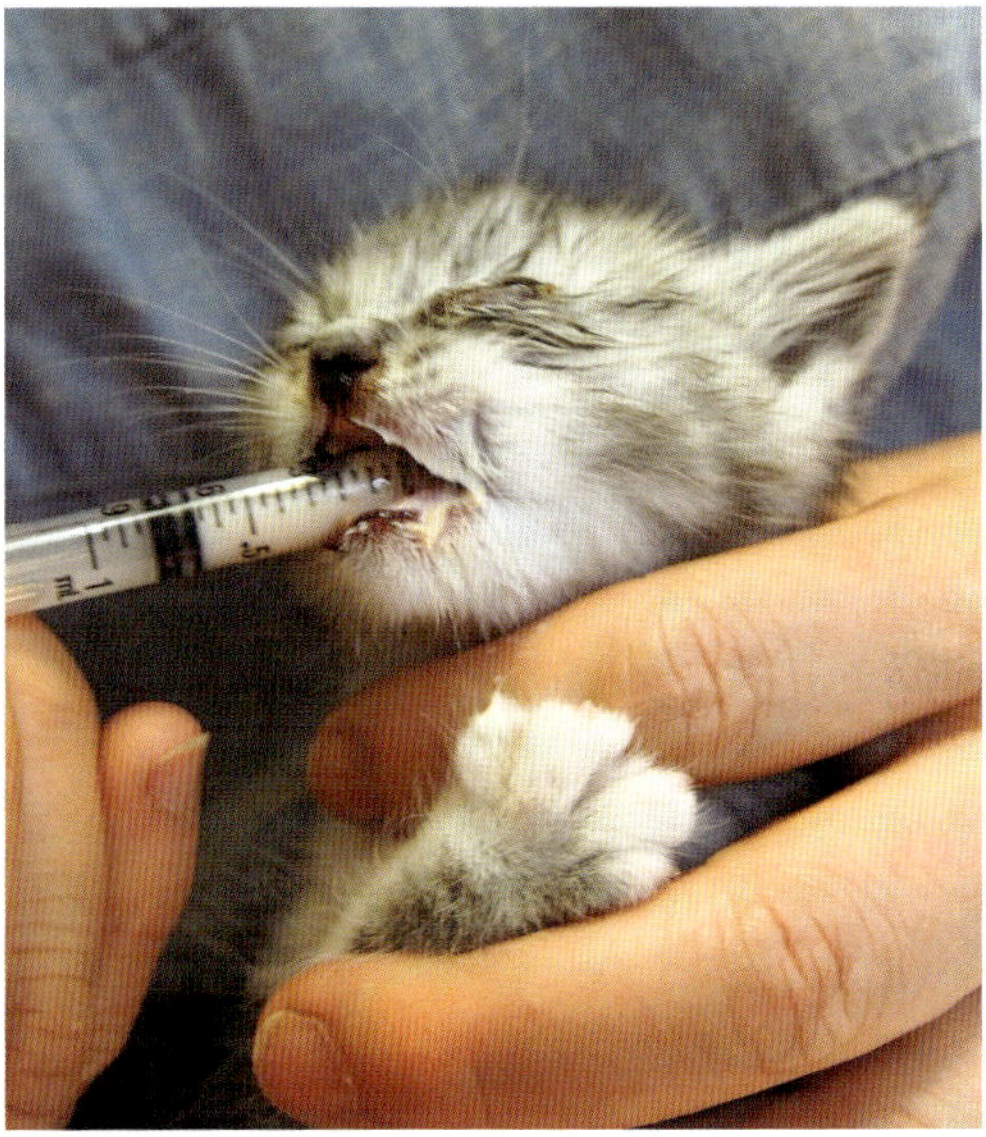

ボクを産んだママはノラだったんだ。真夏の大雨の時、生まれて間もないボクをくわえて避難したのが、農家のビニールハウスの中。ボクを濡れないとこに置くと、土砂降りの中を食べ物を探しに出て行った。

　そして、それきり帰ってこなかった。

　ボクは、「ママあ、ママあ」って、三日三晩泣き続けた。その声を聞きつけたのが、農家に野菜を買いに来てた、さとママだったの。

「親猫は通りで車にはねられてた。仔猫はずっと鳴いてるけど、小さすぎて助からないよ」

　農家の人たちはそう言ったけど、さとママには見捨てることができなかったんだって。

「生きたい！　生きたい！」って、ボクが泣いてるように聞こえたって。

　さとママは家で猫を飼うことができなかったから、携帯であずママに相談したの。あずママも、猫を飼えなくて、るいママに相談。

「みんないっぱいいっぱいだけど、持ち回りなら何とかなる。とにかく

力を合わせて育てよう」って、すぐ決まったの。

　あずママのおうちで体を温めてもらい、シリンジでミルクも飲ませてもらったよ。それから、病院へ連れてかれた。栄養失調と低体温で、ぎりぎりの命だったって。両目失明になるかも、って言われたんだ。

　あとふたりのママも加わって、交替で、ボクの通院とお世話が始まったよ。拾われた時は不安でいっぱいだったけど、どのママもやさしくて、ボクは安心しきって甘えた。

「どんどんかわいくなるね」って、ボクを囲んで、ママたちはニコニコしてた。

　ボクの右目は回復したけど、左目は、いつまでもぐしゅぐしゅしてたの。「里親探しは難しいかもね」ってみんなで話し合ってた時に、ゆうこママが遊びに来たんだ。

　ゆうこママは犬派で、猫を飼ったことがなかったの。でもボクを見てたら「猫もかわいいな」って心が動いたんだって。高校生だった下のお兄ちゃんも「このまま目が見えなく

たって、この子をうちの子にしよう」って言ってくれたの。
　ゆうこママのうちの子になったボクは、バリバリの犬派だったパパも猫アレルギーの上のお兄ちゃんも、たちまち陥落させちゃったよ。パパは会社に出かける時、きまって「じゃあね、ゆめ、行ってくるよ」って言うんだ。

あれから、2年。ボクんちには、いつの間にか保護猫が増えてる。雨の日に捨てられてビルのすき間で泣いてた「ひめ」。スーパーの前でパパに保護された「あき」。

パパは出かける時、「じゃあね、ゆめ、行ってくるよ。ひめ、行ってくるよ。あき、行ってくるよ～」って必ず声をかけるの。探してまで。

ママたちは、しょっちゅう集まっては、こんなこと言い合ってるんだ。

「ゆめみたいに愛らしい子ってい る?」

「ひめも、あきもよ。みんな、保護したての時はショボくれ顔だったのに」

「やっぱり猫って、愛されたら、安心して、愛され顔になっていくんだね～」

episode

6

猫だって……

初恋の彼をわすれない

静かな住宅地の角にある
カフェの出窓で、
今日もまだらちゃんは
町の景色を眺めています。
遠い昔、彼と暮らした原っぱは、
もうないけれど。

アタシの名は、まだら。面倒を見てくれるエイコさんがつけた名よ。エイコさんは、娘のアヤコさんといっしょにここで、オーガニック・カフェをやってるの。

カフェには出窓があって、アタシはいつもそこに寝そべって、遠くを見てる。今はガソリンスタンドになってしまったけど、昔は空き地だった方をね。

通りかかる人が、アタシを見て微笑んだり、声をかけたりしてくれる。自転車から下りて撫でていく人もいるし、おやつをくれる人もいるわ。

アタシのこと、すごく気に入って、アタシの過去を尋ねたお客さんに、エイコさんとアヤコさんはこんな話をしてた。

「まだらちゃんにはね、うら若い頃、ラブラブの彼がいたんですよ」
「もう好きで好きでたまらない、って感じで原っぱでいつも寄り添ってたわね」って。

アタシの恋は、語り草になるほどだったみたい。

アタシは、この土地のノラの子。物心ついた時には、ひとりだった。その当時、この辺はまだまだ空き地だらけだったわ。ご飯は自転車で運んでくれる人がいた。でも、その人、アタシのこと、病院に拉致して手術受けさせたから、そのあと指一本触れさせやしなかった。

ある時、流れ者のおじさん猫が現れた。ずっとずっと年上だったけど、アタシは恋におちた。いつもいっしょだったわ。

おじさんは、大きな体をしてたけど、とっても穏やかでやさしい猫だった。アタシたちは、宿無しだったけど、しあわせだった。

ある朝、突然、おじさんは一歩も

動けなくなったの。アタシは、おじさんのそばで大声で泣き続けるしかなかった。ご飯を運んでくれる人が、アタシの泣き声に驚き、横たわるおじさんを発見して、自転車のカゴに乗せて走り出した。

アタシは、懸命に自転車を追いかけたわ。空き地から出たことなんてなかったけど、走って走って追いかけた。だけど、大通りの交差点で、立ちすくむしかなかった……。

空き地で待っても待っても、それきりおじさんは帰ってこなかった。おじさんを連れてった人がしばらくたってアタシのことも捕まえに来たけど、逃げ回ったわ。アタシはまだ若かったから、そのあと、いろんなオス猫が言い寄ってきたけど、相手にしなかった。

あれから、10年くらいたったかしら。アタシは、カフェに出入り自由の猫になって、町の人たちにもお客さんにもかわいがられてる。

今日もアタシはカフェの出窓。ガソリンスタンドになってしまったけど、アタシの目には、あの頃の空き地が見える。おじさんがそこに帰ってくるのを、アタシは今も待っているの。

動物病院へ運びこまれたおじさんは、「ショック性半身不随」の診断を受けました。誰かに放り投げられたのだろうということでした。当時、空き地の工事が始まったばかり。まだらちゃんはそのあと、作業服の人を怖がるようになりました。おじさんを病院に運んだ人は、外で暮らせない身となったおじさんを自宅マンションに迎えました。まだらちゃんもいっしょに迎えてやりたいと思い、何度も保護を試みましたが、まだらちゃんはけっして捕まりませんでした。おじさんが、手厚い介護を受け、1年半後に旅立ったことを、まだらちゃんは知りません。（著者補足）

episode

7

猫だって……
ありのまま愛されたい

サビ猫の楓ちゃんは、
自転車置き場暮らしから、
保護猫カフェへ。
ひっそりとケージの中にいる
楓ちゃんの写真に
一目ぼれをしたのは……。

photo: 楓 papa

photo: キャットラウンジ ME

アタシ、楓。

2歳くらいまで、駅の裏の自転車置き場の陰をうろついて、夜は自転車のカゴの中で寝てた。歩く時、ちょっと体が揺れるの。

「お外で暮らすのは、この子には酷《こく》すぎる」って、ボランティアの人が、保護猫ラウンジに里親探しを頼んでくれたの。

そんなアタシの写真をラウンジのホームページでたまたま見て、「かわいい……」ってため息をついてくれた人がいた。それが、今のアタシんちのパパ。

パパは、地域猫活動の支援を続けてて、ずっと「猫を迎えたい」と思っていたんだって。

だけど、家族にはそのことをなかなか言い出せなかったんだって。長男のヒズキくんが猫アレルギーで、奥さんは猫が怖くて触れない人だったから。

ヒズキくんを誘って保護猫譲渡会に行ってみたら、ヒズキくんに症状は出なかった。「いけるぞ」って、パパは思ったわけ。

里帰りしてたママが羽田に着く日。「みんなで迎えに行くよ」とやけに親切だったパパは、「ちょっと寄るところがある」と、かなり離れた保護猫ラウンジまで車を走らせた。

アタシに会えば、ゼッタイみんなは気に入る、っていう自信があったんだって。

長女のハルカちゃんは「確かに楓ちゃんはかわいい。だけど、他の子もみんなかわいい」って思ったって。でも、パパは、もうアタシしか目に入らなかったの。

ラウンジからのOKも、ママからのOKも出ていないのに、パパの注文したキャットタワーや猫ベッドや猫トイレが続々おうちに到着。そんなパパの熱意にママも負けたの。

パパは、アタシを迎える前、ラウンジへのメールにこう書いたわ。

「足先の欠損や右目がよくなる治療

photo: 楓 papa

photo: 楓 papa

など、楓ちゃんのためになるのであれば、してあげたい。そうでなければ、今のままの楓ちゃんで十分だと思ってます」

　パパは、ハンディがある猫だから可哀そうだとかいじらしいとか思ったんじゃなくって、ハンディもひっくるめて、アタシのすべてがかわいいと思ったんだって。

「膜がかかってる右目はきれいな緑色だし、先の欠けてる右足も個性のひとつだよ」って。

うれしかった。猫同士だったら全然気にしないことを、ニンゲンってよく「不幸な猫」とか「可哀そうな猫」ってレッテル貼るから。

　アタシ、ビビリで恥ずかしがり屋だから、すぐにはなつけなかった。

photo: 楓 papa

でも、この頃は、パパが帰ってくると、玄関まで走って行って、足元で「あうーん、あうーん」って甘えるの。アタシ、走るの、けっこう速いのよ。

アタシが暮らしやすいように、パパはステップやら椅子やら、いろんなものを手作りしてくれる。空気清浄器を3台置いてるから、ヒズキくんもアレルギーを発症してないわ。

ハルカちゃんは「今になってみれば、うちの子になる運命の子は楓ちゃんしかいなかった」って言ってくれるし、ママは「楓ちゃんがしあわせそうにゴロンゴロンしているのを見てるだけでかわいい」って。

パパのお仕事は、子どもの命に関わる救急の医療現場。だから、よく知ってるの。すべての命に個性があって、平等で尊いってことを。

episode

8

猫だって……

みんなの笑顔がうれしい

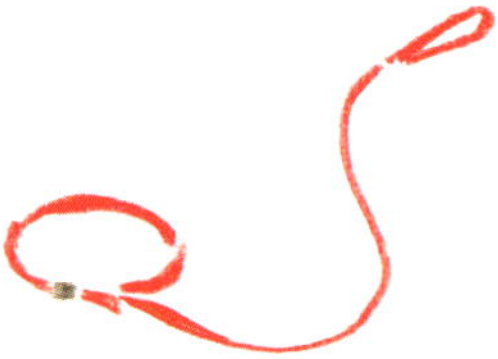

靴箱に入れられて
捨てられていたニケくん。
今では、ママといっしょに
預かり仔猫を育てたり、
訪問セラピーで大忙し。

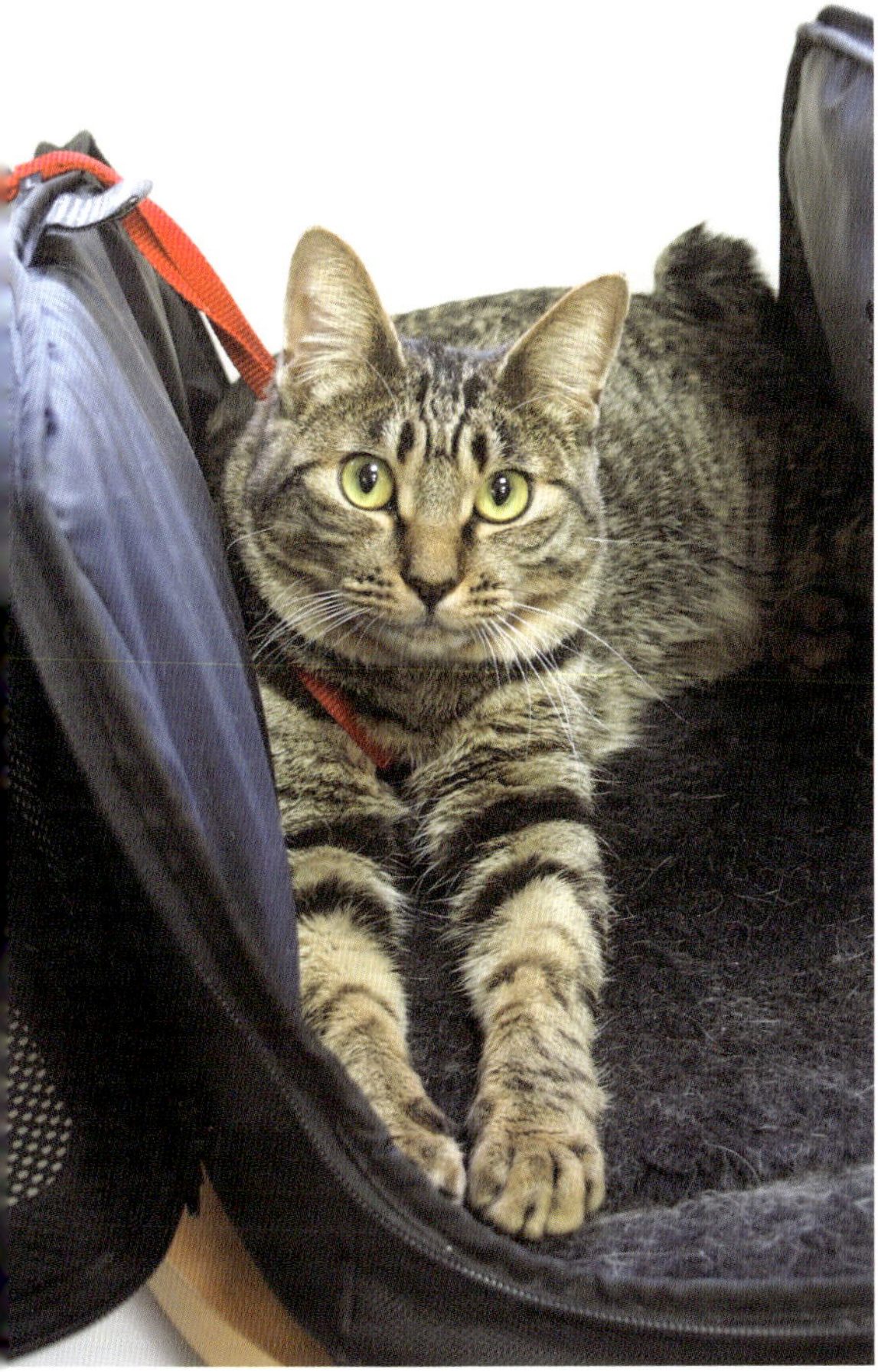

今日は、ボクのお仕事の日。家を出る前に、ママにリードを着けてもらうと、スイッチオンになるんだ。

今日の行き先は、介護付き有料老人ホーム。何回も行ってるから、もうおなじみの訪問先だよ。ママは、CAPPっていうアニマルセラピー活動に参加してるから、こうやって介護施設や児童施設なんかへの慰問《いもん》活動にボクを連れて行くんだよ。

ボク、お出かけが大好き。ニンゲンも大好き。小さい時からリリ先輩の慰問活動を見学してて、バトンタッチされたばかりの新米なんだ。

ボクが行くと、おじいちゃんおばあちゃんの顔がパッと明るくなるの。「猫を昔飼っていたのよ」って言う人がいたら、ママは、その人の膝《ひざ》に

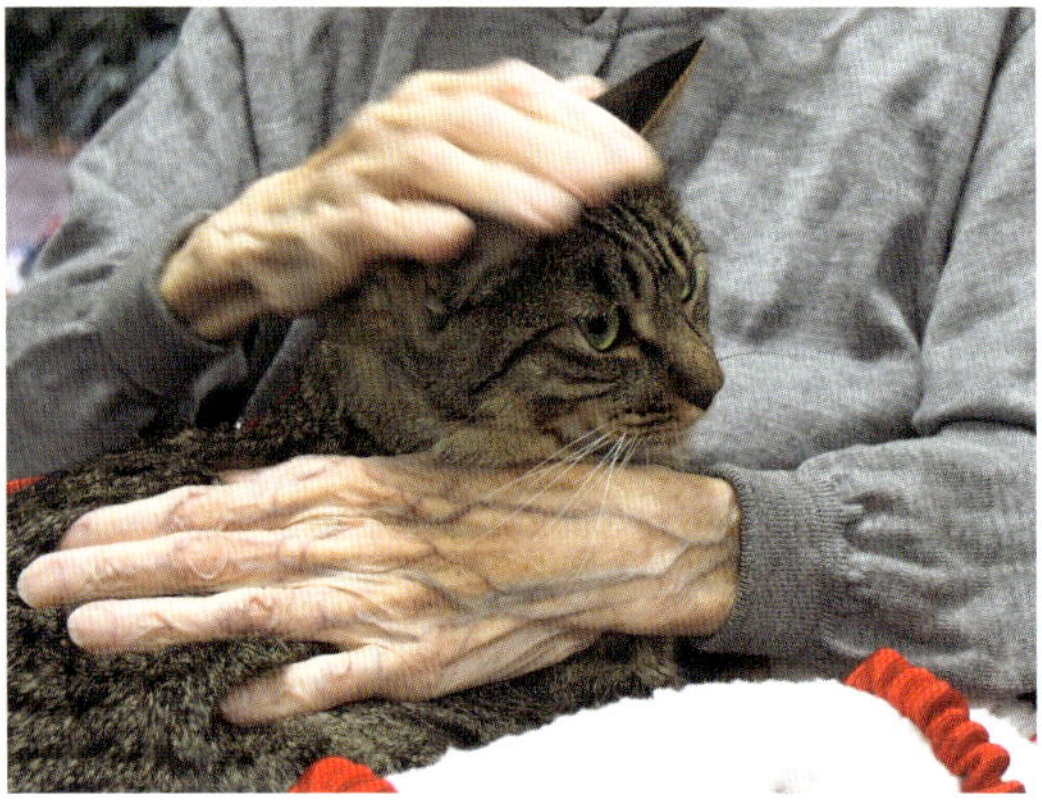

ボクをクッションごとそっと乗せるんだ。
「まあ、まあ、かわいいこと」
ボクを抱っこした人の口元がほころぶのを見て、ボクもママもじわっとしあわせな気持ちになるんだ。感激して涙を流す人もいるよ。

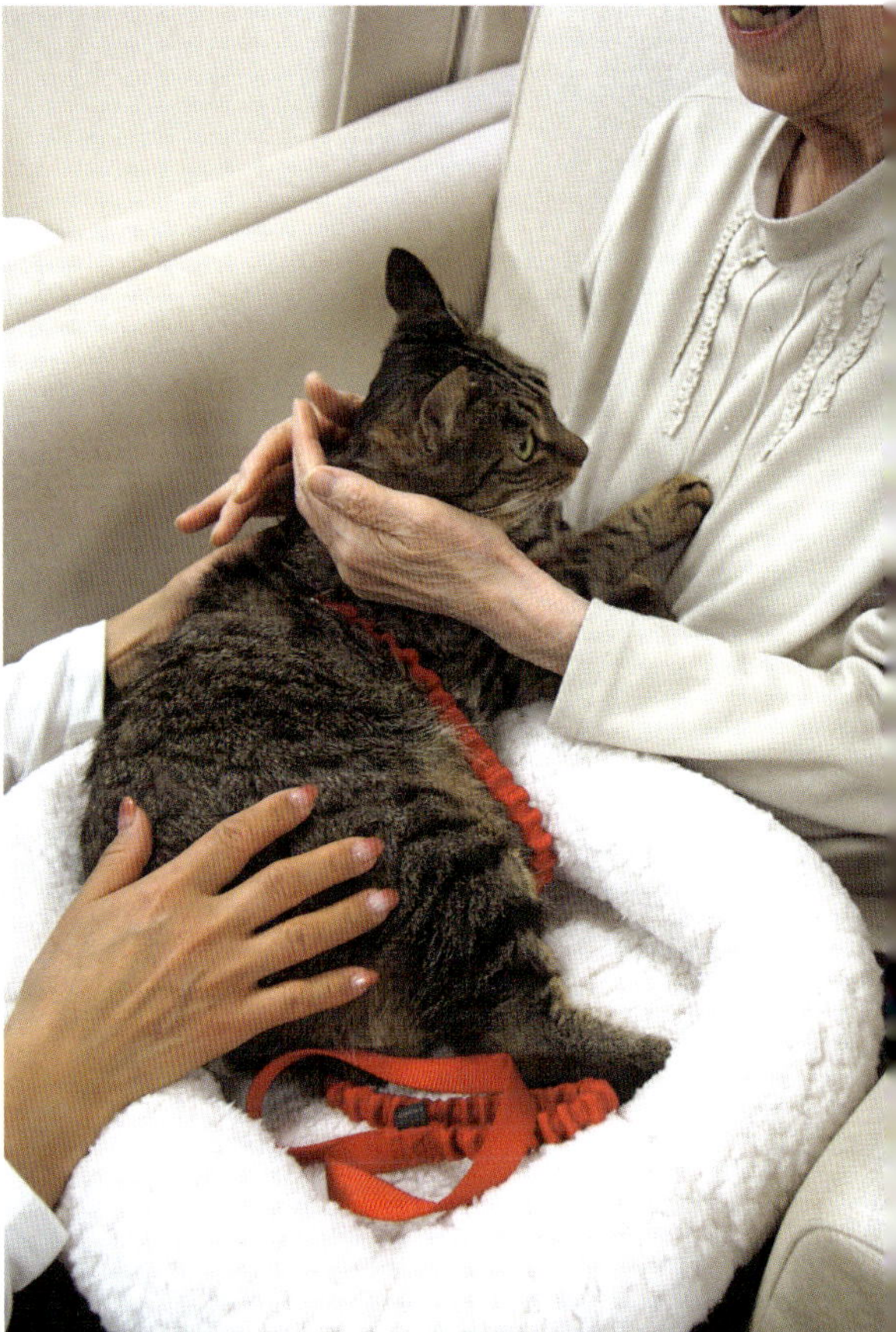

施設のスタッフさんが言ってた。ボクたち犬猫の訪問が、どんな慰問より喜ばれるって。無表情で言葉が出なかった人たちが、笑顔を取り戻し、しゃべるようになるんだって。
しわしわの手がやさしくやさしくボクを撫でてくれる時、言葉なんて

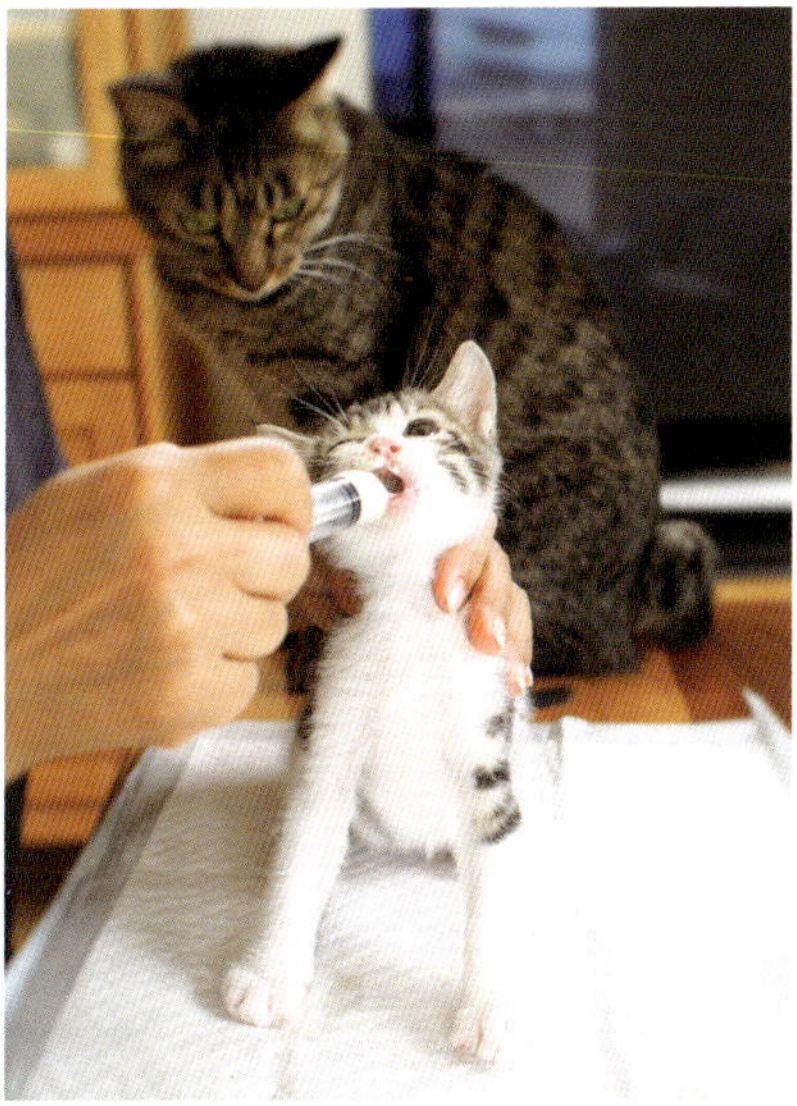

photo: YURI SUMITA

なくても、「生きてるんだねえ、いとしいねえ」って気持ちが伝わってくるよ。

セラピー動物って犬がほとんどで、猫はとっても珍しいらしい。ボクはフレンドリーで、おっとりしてて、好奇心旺盛で、健康で、セラピー猫にうってつけなんだって。えっへん。

ママは、10年前から猫の保護活動をやってて、5年前から「ミルクボランティア」も始めた。だから、年がら年じゅう預かり仔猫を抱えて大忙し。

ノラ猫の出産ピークの季節には、あんまり寝てないみたい。仔猫には3時間おきにミルクが必要なんだ。それに、急に熱を出したり、食欲がなくなったりすることもあるから、ほんとに気が抜けない。

photo: YURI SUMITA

photo: YURI SUMITA

　大好きなママがダウンしたら大変だから、イチロー先輩もリリ先輩もボクも、せっせとチビっこ育てのお手伝いをするよ。遊んでやったり、舐めてやったり、添い寝してやったり。「爪は柱でとがないで、爪とぎでとぐこと」とか、家猫としての最低限のマナーも教えてやる。そう、保育園の保育士さんみたいにね！
　そんなイチロー先輩もリリ先輩も、拾われた子なんだって。ボクも、２年前のまだ目が開かない時、靴の紙箱で捨てられてたのを、ママが見つけてくれたの。紙箱に書いてあった「ＮＩＫＥ」という文字をローマ字読みして「ニケ」って名前になったの。
　預かりでうちにやってくるチビたちも、ビニール袋で捨てられてた子、多頭崩壊でやってきた子、川原に遺棄されてた子、もういろんなワケアリばっかりなんだ。
　みんな、やってくる時は泣き顔だけど、ママにミルクを飲ませても

らって、僕たちと遊ぶうちに、だんだん笑顔になるんだ。

なついてくれたチビたちがもらわれていく時は、ちょっぴりさびしい。けど、里親さんからのしあわせ便りが届いて、「ほら、あの子がこんなに大きくなったよ」ってママから写真を見せてもらうと、とってもうれしい。

一匹しあわせになるたびに、ママの疲れは羽が生えて飛んでっちゃうんだって。ボクだって、おんなじさ！

ボク、みんなの笑顔が大好きだから、訪問セラピーも保育士も、天職だって思ってる。

あ、また、入園児がやってきた。早く泣き顔を笑顔にしてやらないと。

忙しい、忙しい！

episode

9

猫だって……
さびしさをこらえる時もある

田んぼに囲まれた
丘の上にある美術館には、
猫がいっぱい。
通い猫である
虎之介くんには、
こんな思い出が……。

ボク、美術館の通い猫、虎之介。週末の美術館の開館日だけ、絵描きのママの車で出勤してるんだ。

10月のある土曜日、いつものように、お庭でカマキリをおちょくったり、マツボックリ集めをしたり、木登りしたりしてひとり遊びしていたら、キャリーケースを下げた人がやってくるのが見えたんだ。

美術館でいちばん古株のミー姐《ねえ》さんとボクは、すぐに駆けつけた。だって、キャリーからは、知らない猫の匂いがしたんだもん。

やっぱり。中には、ボクの半分の半分くらいのチビがいた。そいつは、よその町の中学校の体育館わきに捨てられてたんだって。捨てられて、拾われて、はるばる車で運ばれてきたから、どんよりして固まってた。

ひとまず、「シャ〜〜(チビっこいの、ここはボクの縄張りだ)」って、カツを入れてやったさ。

だけど、キャリーから出されてぼんやりしてるチビを見てたら、思い出したんだ。もっとチビだった元ノラのボクがここに来た日のことを。

不安でたまらなかったボクに近づいてきたのは、元捨て猫のモミジローー兄ちゃんだった。「悪童」って呼ばれてたモミジロー兄ちゃんが、ボクの面倒をまるで母さん猫のように見始めたから、美術館の人たちはびっくりしてた。

絵描きのママのおうちの子になって、週末にやってくるボクを、モミジロー兄ちゃんはいつも玄関で待っていた……。

photo: MITSUK.H

チビは、ボクの家から週末に美術館に通って、里親を探すことになった。

「やってきた時は、目ヤニだらけでひどいご面相だった虎之介でも、いいおうちが見つかったんですもの。この子なら、すぐにもらい手が見つかるわ」

館長さんは、そんな失礼なことを言ってた。ひどいご面相、って、なんだよう。

その晩、ボクはチビのそばで眠ってやった。モミジロー兄ちゃんがボクにしてくれたようにね。

次の日。美術館に着くなり、ボクはチビに言った。

「ボクについてこい」

いろんなことを教えてやらなきゃ。

チビは、ボクのあとをついて、大喜びで芝生の上を走り回ったよ。木登りも教えてやった。バッタも追いかけた。縁の下探検もした。いっしょに飛行機雲も眺めた。それはみんな、モミジロー兄ちゃんとやった楽しいことだった。

チビは、「お兄ちゃん、お兄ちゃん」と、どこにでもついてきた。ボクたちは、おうちでも美術館でも転げ回って遊び、遊び疲れると重なって眠った。

チビがやってきてちょうど2週間たった日曜日。またキャリーを下げた家族が美術館にやってきた。今度は、キャリーは空だった。

東京からやってきたやさしそうな一家は、前の日にも美術館に来てて、チビのことがとっても気に入ってた

んだ。チビは、この2週間でふっくらして、誰からも「まあ、なんてかわいい」って言われる猫になっていたから。

チビはキャリーに入れられて、きょとんとしていた。

館長さんは、しゃがみこんで、ボクの目をじっと見つめた。そして、ひとことひとこと言い聞かせるように、ゆっくりと言ったんだ。

「虎之介。2週間チビの面倒を見てくれて、遊んでくれて、本当にありがとうね。とってもいいお兄ちゃんだったね。チビは、おうちが見つかって、そこでかわいがられてしあわせになるんだよ。お別れをしようね」

ボクは、とっさにママの顔を見た。ママは何かを必死にこらえてる顔をしてた。

うん、わかった。ボクはもう7か月のお兄ちゃんだい。めそめそなんてしない。だから、キャリーの中でちょこんと座ってるチビに、そっと「さよなら」って言った。

この夏、美術館に行ってもモミジロー兄ちゃんが迎えてくれなくて、何週間も泣きながら探し回るボクを見て、館長さんたちは涙ぐんでた。だから、館長さんは、ボクが納得するよう、ちゃんとチビとのお別れをさせたんだ。

チビの匂いだけが残った。

チビがいなくなった庭を、ボクはむちゃくちゃに走り回り、カラスに追いかけられた。

そのあと、長いこと、モグラの巣

穴掘りに熱中した。みんなが呆れ返るほど深く、肩まで入るほど深く。
いつもボクたちの写真を撮りにくる人が、鼻先が土だらけのボクを見て言ったよ。
「さびしくなったね、虎之介。あれ、なんだかおとなっぽい顔になってる。モミジローくんに似て、やさしくていいオトコ。みんな、虎之介のことが大好きだよ」
チビは、「茶太郎」って名前になって、おじいちゃんとおばあちゃんとパパとママと3人の子どもたちみんなにかわいがられて、やんちゃしてるって、ママが言ってた。

東京っ子になったチビは、ボクといっしょに丘の上を走り回った2週間を、ふっと思い出すことがあるかなあ。そうだ、モグラの穴掘りをあいつに教えてやるのを忘れてた。
しあわせに元気で暮らせよ。2週間の、ボクのおとうと。

episode

10

猫だって……十猫十色

珈琲豆店の
小太朗くんと
チャイくんは
保護猫同士。
冷静沈着な兄貴分と
やんちゃな弟分。
いいコンビです。

ボク、チャイ。

母さんは、「ヤギコヤ」っていう小さな珈琲豆店をやってるんだ。

小太朗って名の兄ちゃんとお店の2階に住んでるんだけど、ときどき母さんに「コタロー、チャイー、降りといでー」って下から呼ばれるの。猫好きのお客さんが来てる時なんだ。「きれいな猫さん」「物静かで賢そう」って言われるのは、小太朗兄ちゃん。ボクは「どうしてお目目がそんなにピカピカなの」「いつまでも仔猫みたいだね」って言われる。兄ちゃんが5歳で僕は4歳。1歳しか違わないのに。

ボクは店内をチョロチョロしちゃうけど、兄ちゃんは「いらっしゃいませ」って胸を張って、そりゃあ風

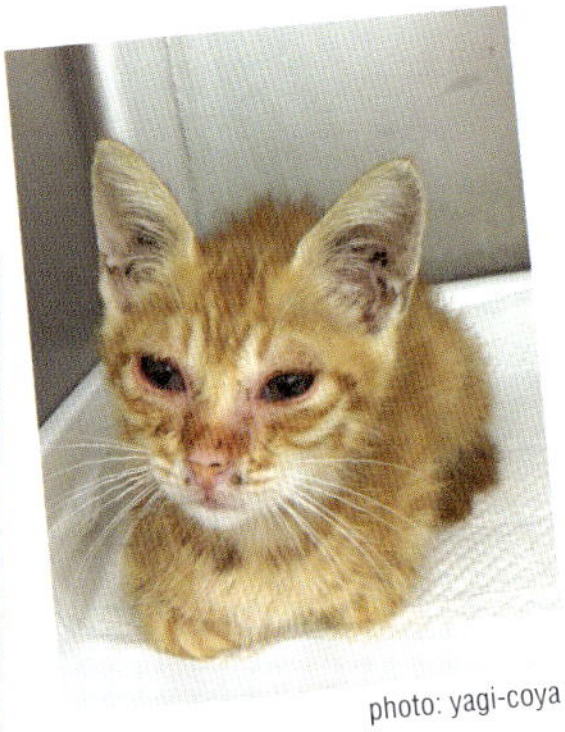

photo: yagi-coya

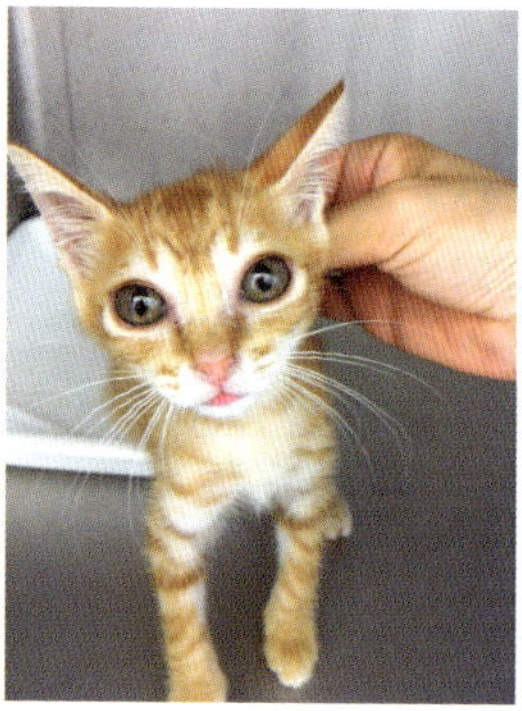

photo: yagi-coya

格があるんだ。同じ保護猫同士なんだけどね。

ボク、産業廃棄物を処理するとこで生きのびてたノラ母さんから生まれたの。真夏のある日、母さんはボクのこと、置き去りにしてどっかに行っちゃった。そう、「イクジホウキ」ってやつ。でも、母さんは母さんで、きっと生きるのが精いっぱいだったんだ。

ボク、まだほんのチビで、たちまち熱中症で虫の息になっちゃった。

そんなボクを助けてくれたのが、そこで働く父さんなの。

ボクは病院預かりになった。数日して面会に来た母さんは、ボクの顔も目もきれいになってたから、別猫かと思ったって。

連れて帰ってもらったおうちに、小太朗兄ちゃんがいたの。

兄ちゃんは、後ろ左足が、固まったままぴょーんと伸びてるの。ちっちゃい時に交通事故に遭って町をさまよってて、動物病院に保護されたんだ。

そのころ、引っ越してきたばかり

だった母さんは友だちもいなくて寂しかったんだって。それで、年とった犬か猫をもらいに動物病院に行ったの。お店をやってるから、騒がない年齢がよかったんだ。でも、年とった犬も猫もいなくて、「こんな子がいる」って見せられたのが、足が不自由な兄ちゃんだったの。

父さんにも左足の障がいがあるから、母さんは「うちにくる運命の子なのかも」って思って引き取ったんだって。

小太朗兄ちゃんは、仔猫の時から聞きわけがよくてすごく落ちついた子だったけど、そのあとやってきたボクは、正反対。部屋の壁に垂直に跳びはね、「店内で放牧したら、どうなるかわからない」ほどじっとしてなくて、母さんは「もううちでは飼いきれない」と思って、よそにあげちゃおうとまで思ったって。

　今もお客さんにこう話してる。

「やっと少しは落ちついてきたからホッとしてるけど、同じ猫でもこうも違うのね」

　小太朗兄ちゃんは、そんなボクを大きく包み込んでくれた。母さんが新しいおもちゃをポンと投げれば、ボクに先に遊ばせてくれるんだ。

「まあ、落ちつけよ」って毛づくろいもしてくれる。

　母さんは、珈琲の生豆をていねいに愛情込めて焙煎するんだ。20分ほどガスの高温で煎ると、珈琲豆は、こんがりといい色になる。そう、小太朗兄ちゃんの毛並みのようにすっごくきれいに光るんだ。

　いつも来るお客さんが言ってた。

「チャイくんはまだまだ生豆。小太朗くんのように香ばしい珈琲豆になるには、もうちょっとね」

　ボクの夢は、小太朗兄ちゃんとふたり並んでお客さんを迎え、「わあ、カッコイイ猫たち！」って言われることなんだ。

　小太朗兄ちゃんは耳元でこう言うけど。

「チャイ、お前はお前のままで、兄ちゃんはいいと思うよ」って。

episode

11

猫だって……

郷に入らば郷に従う

気ままなフーテン暮らしを
謳歌していた
大猫ゴンちゃんがついに保護。
はたして、すんなりと家猫になれるのか……。

ずっとおひとり様の自由生活を楽しんでたこのオレが家猫になるなんて、思ってもいなかったぜ。ついこの前までは。

縄張り争いに負けることのなかった大猫のオレが、より快適なねぐらを求めて、この町に流れてきたのは、2年前の春の終わりのことだった。スーパーの前庭に木陰とベンチと草むらがあって、すっかりそこが気に入ったんだ。オレ、風に吹かれてるのが好きなんだ。

いつのまにか「ゴン」って名がついてた。「ゴンちゃん」と呼ばれれば、「にゃあん」と人撫で声で返事して、

膝《ひざ》の上にどっかりと乗ってサービスした。いろんな人が食い物をくれるから、オレはますますでっかくなった。

「ゴンちゃんはフーテン暮らしが性に合ってそうだけど、唐揚げとかちくわとかもらい続けてたら、体壊すね」

「猫嫌いの人たちから苦情が出てるんだって。何かある前にホカクしないと」

近くのマンションに住む猫好きたちがベンチでひそひそ相談をしてた。

そのあと、何回も何回もホカクされそうになったよ。連中、膝の上で油断させといて、ケージに押し込もうとするんだ。大暴れして断固拒否したぜ。唐揚げでホカク器に誘導される作戦にも騙されなかった。

あの日は、油断してたんだ。バスタオルをかぶせる「いないいないばあ遊び」で、ゴロゴロ言ってたら、バスタオルごと大きなネットに頭から半身突っ込まれて、ケージに入れられちゃったのさ。

そのまんま獣医に連れてかれて、「体重過多」の烙印を押された。ついでに縄張り争いでグラグラしてた前歯を抜かれ、自慢のタマタマまで取られちまった。

そのあと連れ込まれたのが、ホカクの首謀者であるお父ちゃんとお母ちゃんの家だった。家に慣れるまで、特大のケージハウス（オレ様からすれば狭すぎ！）に閉じ込められた。「ここから出せー」って、どすんどすんケージに体当たりしたさ。先住猫たちは何日も遠巻きに見物してた。

1週間後にフリーになった時は、そこら中にウンチやおしっこをしまくってやったさ。猫トイレが小さすぎるんだよ。あわてて、お母ちゃんが特大サイズを用意してくれた。

で、オレの猫生《じんせい》初のマンション暮らしが始まったわけだが……。これが案外快適なんだな。ひと月も経たないうちに、不覚にも家猫生活にすんなり適応しちゃったぜ。

まず、お父ちゃんの胸の上というオレ専用の肉布団があって、あったかいのなんの。

「朝まで、プロレスの固め技をされてるみたいだ」ってお父ちゃんはこぼすけど、どかそうとしないのさ。

あと、雨風にさらされなくてすむし、夜の寒さに凍えなくてすむ。ダイエットを命じられてるけど、食い

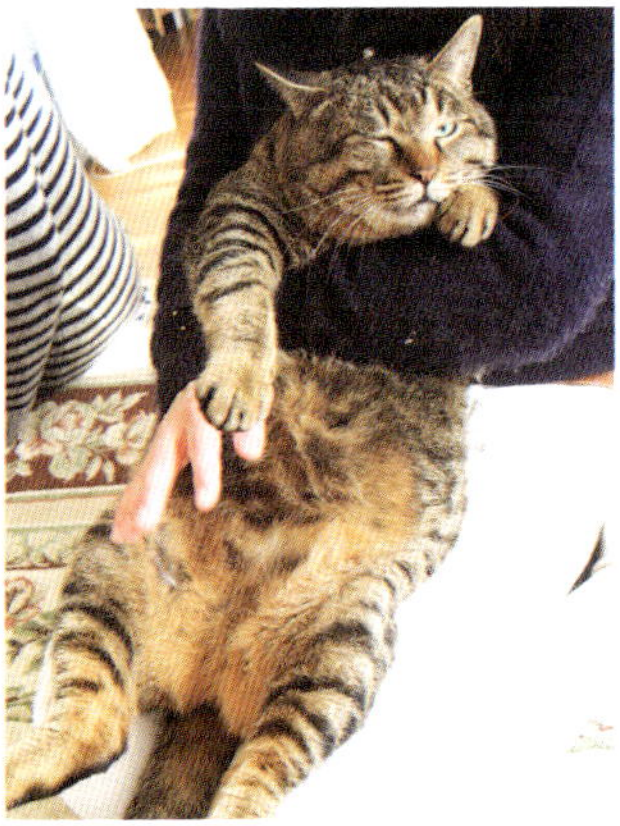

もんにも困らない。

「なかま」ってのができたのも新鮮だったな。月《つき》ちゃんと花ちゃんと宙《そら》くんは、みんな保護猫で、オレよりずっと若い。

オレは一番年長で、一番でかくてケンカに強いにもかかわらず、一番の新入りなんだ。そこは、オレだって、ちゃんと心得てるさ。ほら、「郷に入らば郷に従え」って言うだろ。

これ、動物社会の常識さ。

隣り合わせになればペロペロ舐めてやるし、キャットタワーのてっぺんは譲る。みんなが怖がる掃除機にも「まかせろ。やっつけてやる」って立ち向かっていく。じつはオレも怖いんだけどね。

カワイイ月ちゃんにくっつき過ぎて、「ゴンおじさん、お口くさーい」って言われちゃうのが、オレのノラだった唯一の名残かな。

ここは窓からいい風が入ってくるし、まあ、のんびり暮らすよ。

photo: MISA

photo: MISA

episode

12

猫だって……
秘密をもっている

路地にある喫茶店で
看板猫を務める
黒猫ネロくん。
じつは、彼には、
6つの秘密があるのです。

ボクのおうちは、路地で喫茶店をやっているんだ。

喫茶店のママは、ボクのママのミキコさん。ミキコさんのお父さんは昔、ここで小さな鋳物《いもの》工場をしてて、その片隅に、ミキコさんは喫茶店を作ったんだ。お仕事を終えた人たちが、珈琲を飲みながら、くつろげるようにって。

初めて入ってきたお客さんとでも気さくにおしゃべりするミキコさんの、誰も知らない秘密を、ボク、知っているよ。

ミキコさんは、ほんとは、ものすごーく人見知りで恥ずかしがり屋なんだ。外に出て人とお喋りするお仕事が苦手だから、ここで喫茶店を始めたんだ。お互いに心の蓋《ふた》をはずすひとときの空間になれますように、って。

誰にでも、秘密はあるもんさ。

ボクにだって、あるよ。

えーっと、ひとつ、ふたつ、みっつ、よっつ、いつつ、むっつもあった!

そーっと教えてあげようか。

秘密その1。ボク、2本足で立てるんだ。

うそじゃないってば。今のところ、ミキコさんと常連のマリコさんだけが目撃者。あの時は、窓の下を知らない猫が通り過ぎたから、思わず立ち上がって見てたんだ。

「あ、ネロくんが立ってる!」って、マリコさんに激写されちゃった。人前では立たないようにしてるんだけど。「立ち猫ネロくん」なんて変な人気出ちゃうと困るからね。

秘密その2。ボクには尻尾がない。

付け根の骨もなくて、寝ぐせのような毛がツンツン立ってるだけなんだ。これって、珍しいみたいだよ。

秘密その3。水道の蛇口から出る水を見ると、我を忘れる。

ボク、お水が蛇口からチョロチョロ出る音を聞くと、コウフンしちゃうんだ。ぐっすり寝てても、その音を聞くと飛び起きる。

お客さんがお手洗いに立つと、いっしょにするりと入っちゃう。お客さんが蛇口をひねると、スイッチオン。シンクに飛び乗って、前脚で水を撥《は》ねたり、すくったり。

そのうち、だんだんハイになってきて、頭を突っ込んじゃうの。

秘密その4。ボクにはニンゲンの兄弟がいるんだ。

ボク、ミキコさんの最初の孫のユイトが3歳の時、ここにやってきたんだ。ボクもお子ちゃまだったから、追いかけっこしたり、かくれんぼしたり、くっつきごっこしたりして、いっしょに大きくなった。

「兄弟みたいだね」って、よく言われてた。ユイトに弟のチセイが生まれてからは、3兄弟になったの。

でも、ユイトたち一家は遠くに引越していっちゃった。すごくさびしかったけど、お客さんや、近所のチビっこたちがかわいがってくれたよ。

夏休みに、里帰りしてきた時、ユイトはこんなことを、ミキコさんに言ってた。

「おばあちゃん、あのね、ボクたち、生まれる前から兄弟だったんだ。『ボクが最初にこの家に生まれるね』って生まれてきたの。その次にネロが猫になって生まれて、そのあと、チセイが追いかけて生まれてきたの」

ミキコさんは笑ってたけど、ユイトが言ったことは、ほんとうのことだよ。そのあと、またひとり、アキヤがやってきて、お正月や夏休みは4兄弟そろって大騒ぎさ。

Akuta

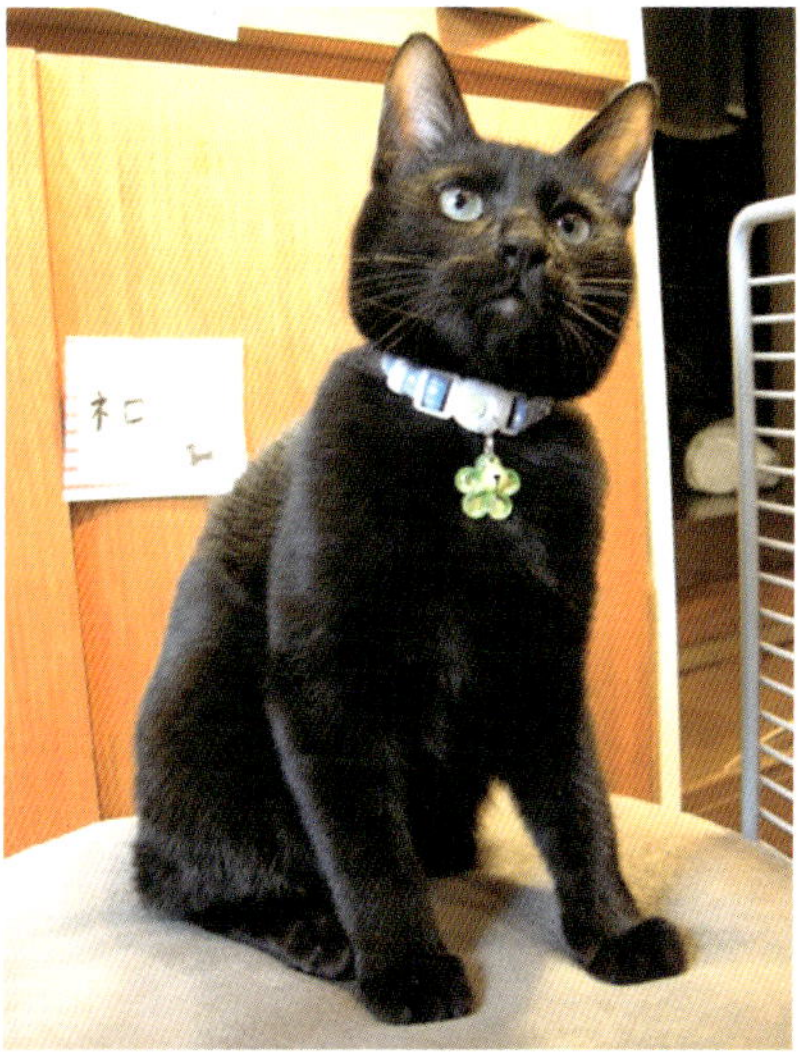

秘密その5。お客さんは、犬でもウエルカム。

ボクは、お客さん誰でもウエルカムな看板猫なの。でもね、じつは、犬のお客さんもウエルカムなんだ。

この前、シブいおじさんが、ワンちゃん抱いて入ってきたの。チョコレート色の恥ずかしがり屋のその子とお近づきになりたくって、ボク、そのおじさんの隣に座ったよ。

おじさんはボクのおなかを撫でてくれて、ボクはお返しに甘噛みをしてあげた。ワンちゃんは、おじさんの陰から呆れて見てた。

「こんな猫も珍しいねえ」と言っておじさんは帰っていったけど、ボク、おじさんよりあの子と仲良くなりたかったんだ……。

秘密その6。ボクには、壮絶な過

去がある。

ボク、今はお気楽に看板猫やってるけど、7年前の夏に、公園に捨てられたチビだったんだ。ボクを見つけてくれたのは、優しいホームレスさんだった。

その時、ボクは、お腹から腸を垂らしてたの。さまよってた時に鉄条網で切ったのかもしれない。病院に運ばれたけど、助かるのは難しいかも、って言われたんだ。

そんなボクを、退院後にママは迎えてくれた。ここに来てからも腸の調子が悪くて、何回か「もうダメかも」って時があったよ。だけど、大きくなった今は、もう絶好調！「クマさんみたい」って言われて、みんなにかわいがってもらってる。

秘密があるオトコは魅力的なのさ。

episode

13

猫だって……
穏やかに年をとりたい

ウギャーちゃんは、
後期高齢猫。
外猫時代の事故のため、
満身創痍《まんしんそうい》だけど、
やさしい人のそばで
穏やかに年老いていきます。

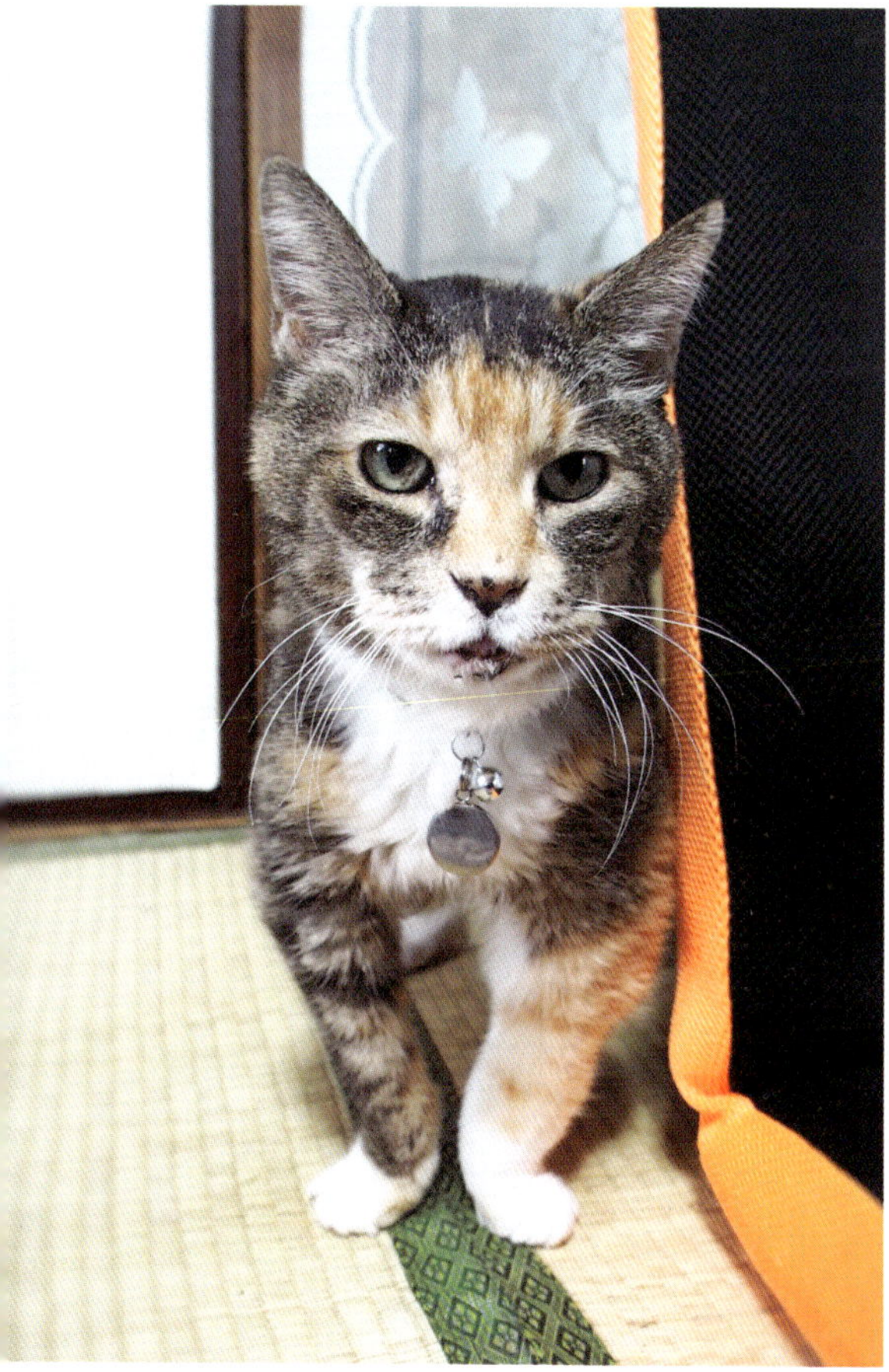

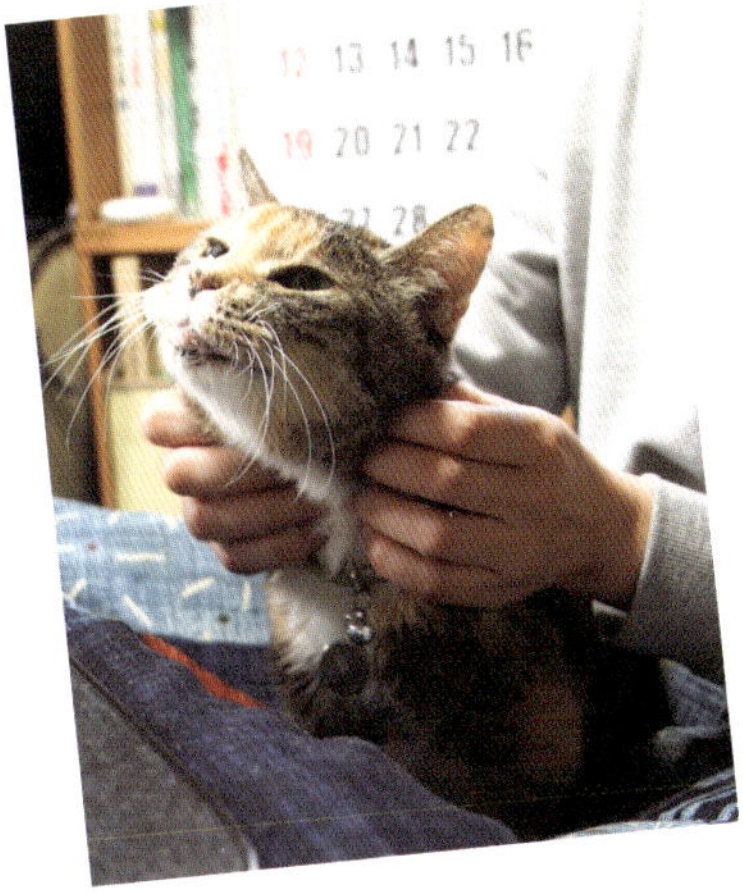

こうして毎日、ぬくぬくして部屋ん中で暮らしているけどさ、あたしゃ、外猫生活がうんと長かったの。

そうねえ、12年以上は外で暮らしたかしらね。いろんな人に情けをかけてもらって生きてきた。ご飯もいろんな人がくれたし、冬の寒い夜は、泊まらせてくれる家もあってね。この町では邪険にする人もいなかったよ。ノラをやるには、いい町だったねえ。

4年前のあの暑かった日は、駐車中の車の下でうっかり寝入っててね、動き出した車に轢《ひ》かれちゃったんだよ。「ウギャア〜〜」って叫んで、必死で植え込みまで這《は》っていった。

次の日に、植え込みの中でへたばってるのを、いつも声をかけてくれるマユミさんが見つけてくれた時は神さまのように見えたよ。

動物病院に運び込まれて、「骨盤骨折」で2か月も入院してリハビリし、ガニ股でなんとか歩けるまでに快復したのさ。

「ウーさんは、もう外には戻せないね」

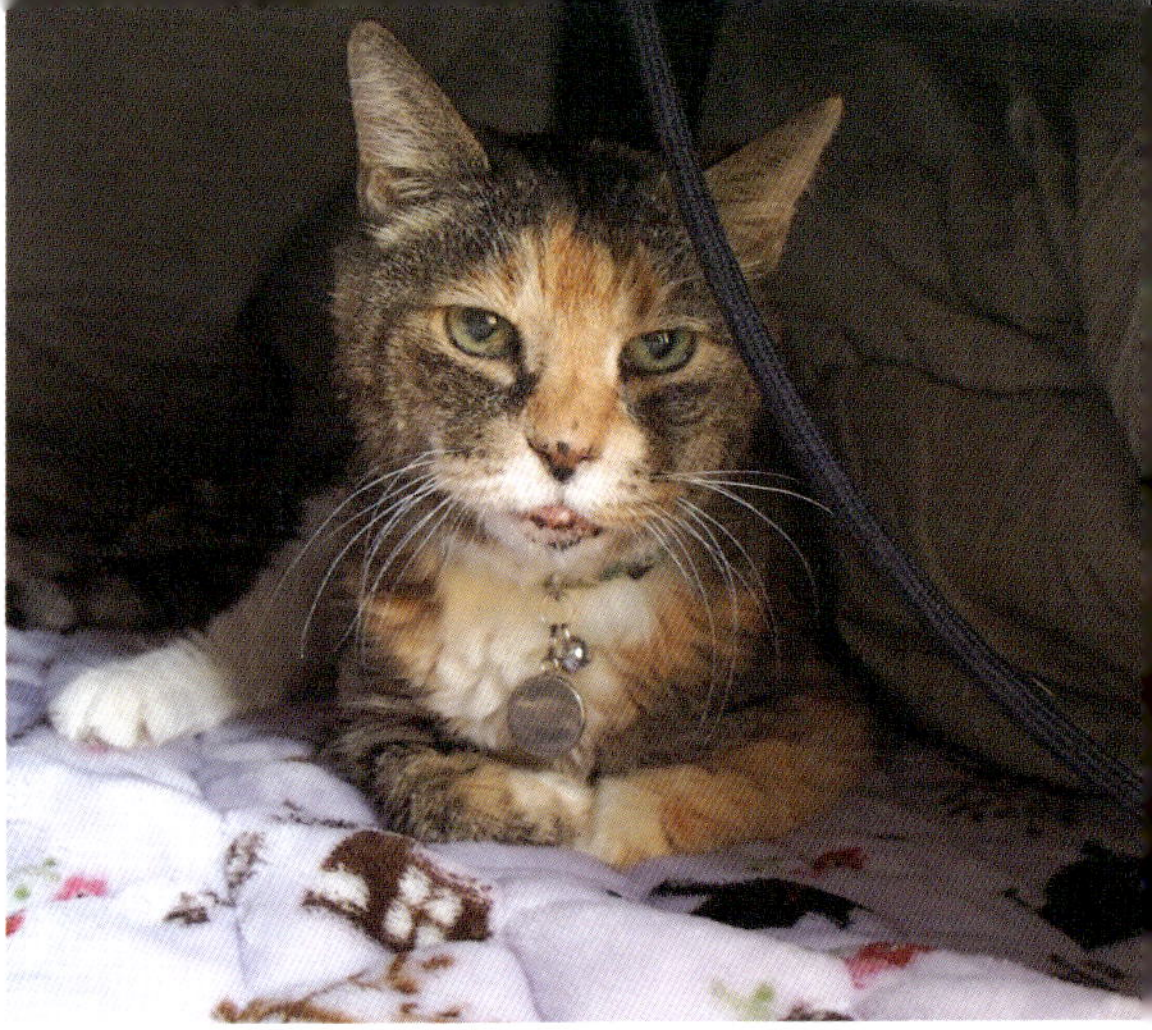

そう言って、マユミさんがアパートの部屋に入れてくれたのさ。

あたしゃ、若い時からこの野太くて低い「ウギャ〜」って鳴き声なんだよ。それで、マユミさんはあたしを「ウギャー」って名づけて、「ウーさん、ウーさん」って呼ぶの。

マユミさんちには先住のメス猫が二匹いてね。サバ白の「まる」は、暴風雨の夜にマユミさんのお母さんに「行くとこないなら、うち来る?」って声をかけられたんだって。

「お父さんの介護中だから、ダメじゃん」って最初は猛反対した弟が、飼うことが家族で決まると「トイレが要る」って、買いに走ってくれたんだとさ。

真冬に自転車カゴの中で、母子で身を寄せ合ってたのをマユミさんに保護してもらったのが、サビ猫の「プティ」。子どもたちはいっしょにもらわれていったそうだよ。よかったねえ。痩《や》せて小さかったから、「プティ」って名になったのに、今じゃ、堂々たる猫さ。

そうそう、こんなこともあった。

北海道で働き始めた弟が里帰りして

さ、友だちの家に遊びにいったら、その友達が言うんだって。

「うちの母さん、かわいがってたノラが来なくなって、元気失くしてるんだ」

それで、弟が言ったさ。

「その猫なら、姉ちゃんが病院に運んで、今、うちにいるよ」

マユミさんがあたしを連れてったら、友だちのお母さん、涙を流してよろこんでくれた。あたしも懐かしかったよ。

マユミさんは、猫たちに出会うまで、自分の給料はブランドものやら、ロックバンドの海外公演やらにつぎ込んでいたのに、今じゃ「猫のためなら、お金は全然惜しくない」って、すごく質素になったんだよ。

あたしのあとに来た茶サビの「チ

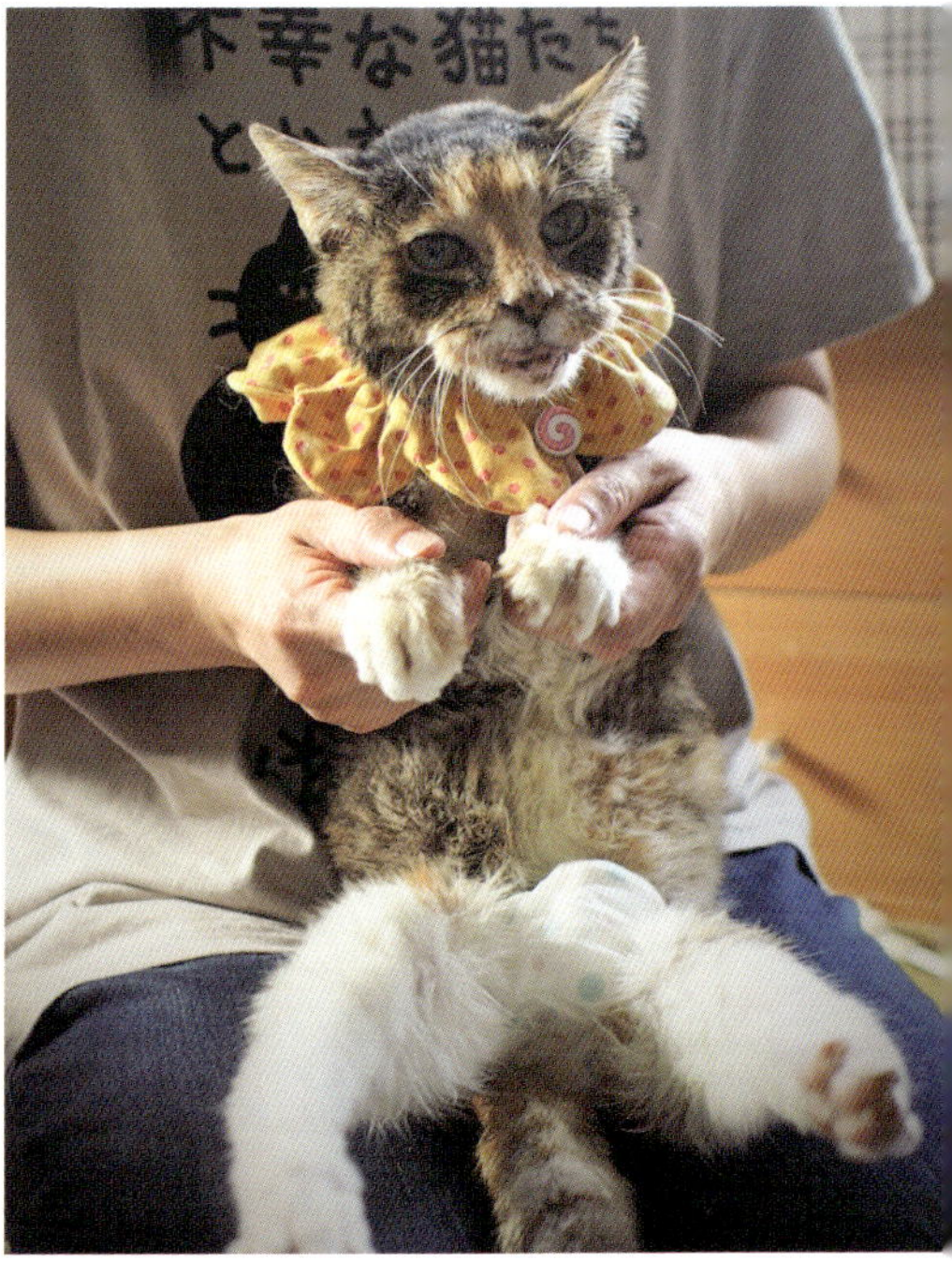

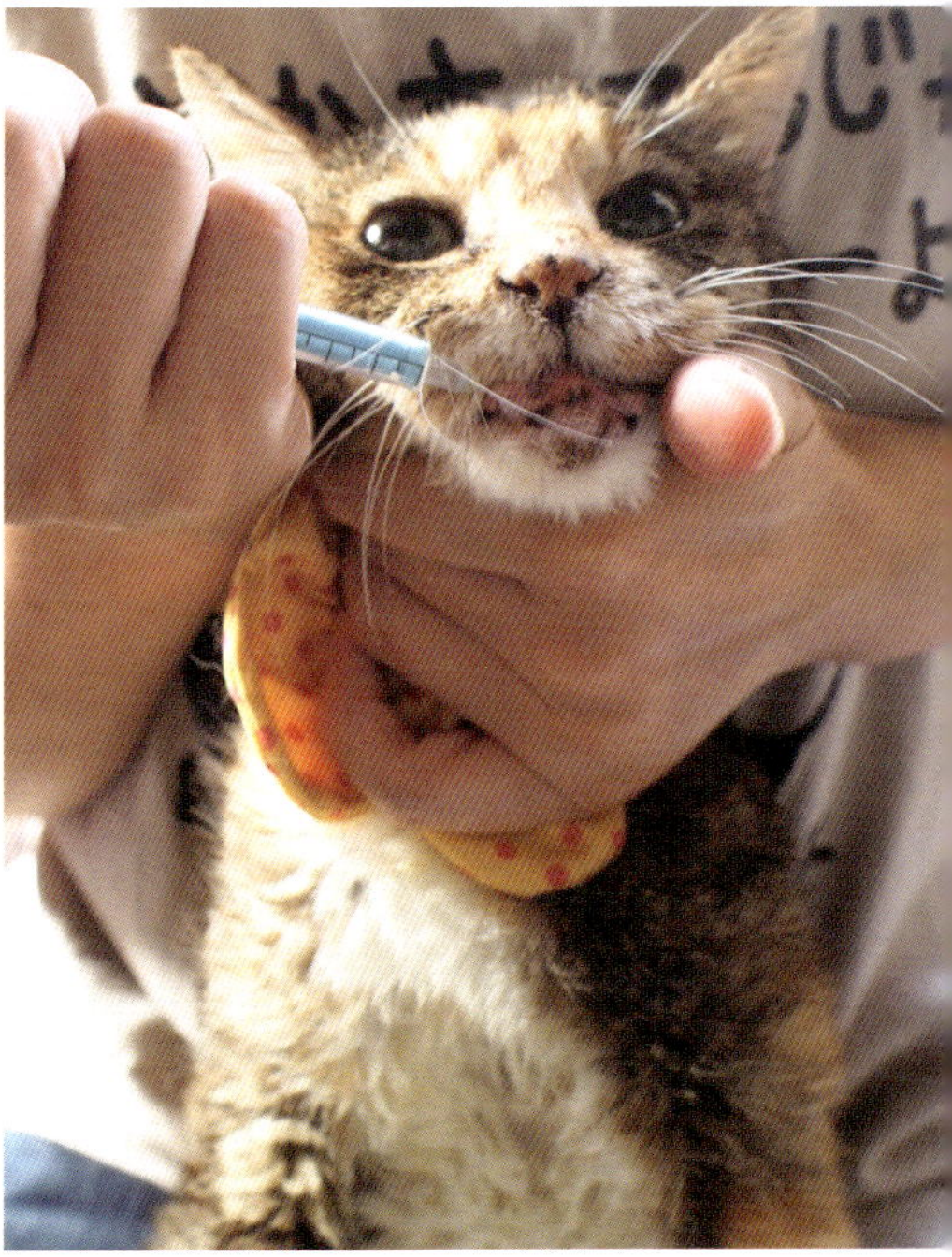

ャリ」は、マユミさんの職場近くの工事現場の自転車置き場にいた子だった。外暮らしが長く、夏は毛がはげ、冬は風邪ばっかりひいてたとさ。
マユミさんは、そんなチャリに、年末年始も薬を飲ませに通ってた。去年の夏、「この子も年だしなあ」って思ったら、たまらなくなったらしく、連れ帰ってきたの。

マユミさんは、行きずりの衰弱した猫にも、手を差しのべる人さ。運び込んだ病院でそのまま亡くなってしまった猫もいるけど、お骨を家に置いて供養してるよ。

どんなにかつらいノラ生活を送ってきたとしても、短命だったとしても、最後にあったかい「終《つい》の住処《すみか》」が見つかった猫はしあわせだったに違いない。家猫だってノラだって、穏やかに年をとって、静かに旅立ちたいという思いは同じさ。

最近も、顔面傷だらけだった茶色の子がやってきた。でも、この若造には脱走癖があって、マユミさんも手こずってる。

あたしときたら、事故の後遺症であちこち悪くてね。慢性《まんせい》腎《じん》不全《ふぜん》だか

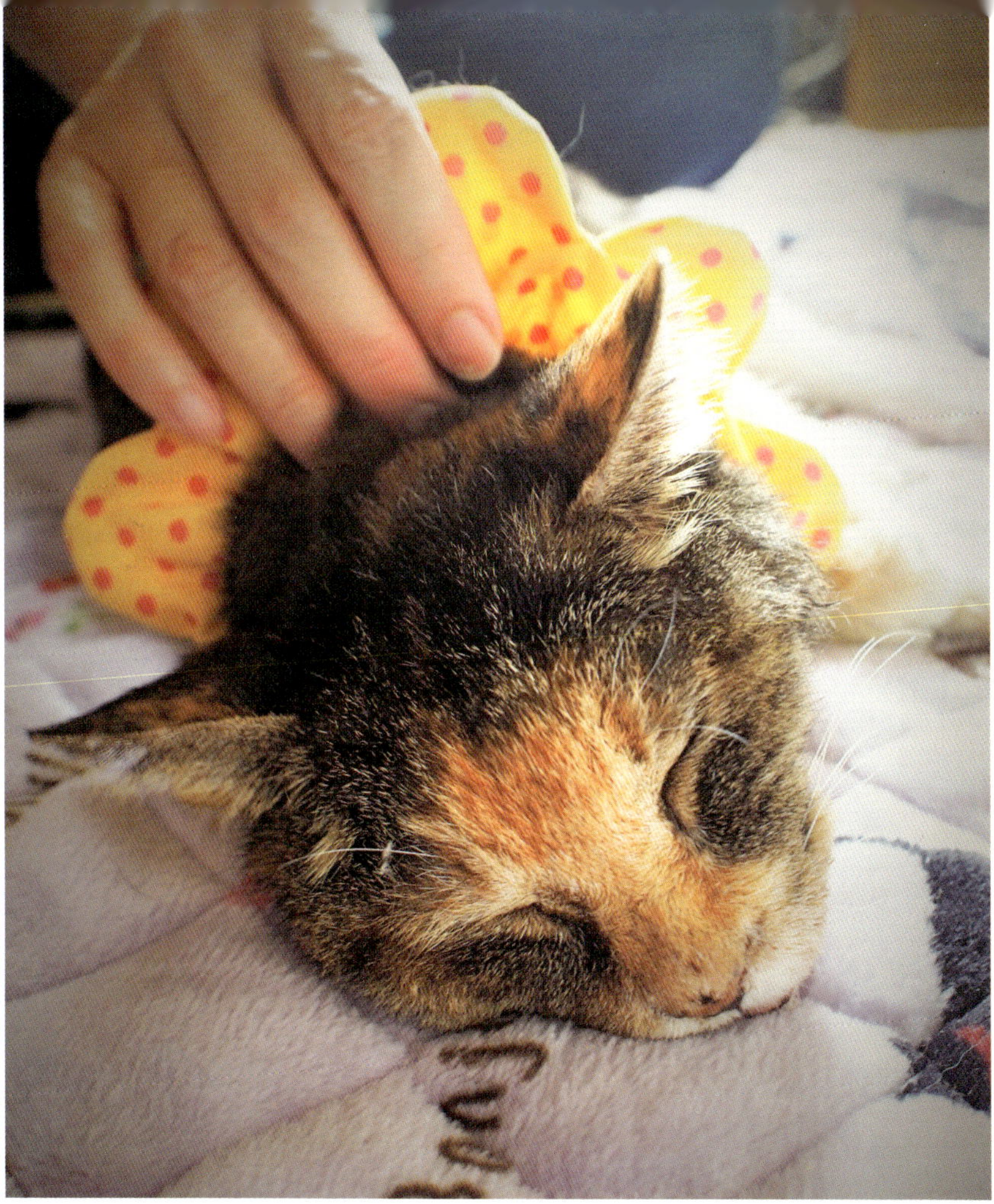

ら、毎日、マユミさんに数種類のお薬や栄養剤をシリンジで飲ませてもらい、点滴もしてもらってる。

　骨盤の位置がずれてるから、ウンチが詰まった時は、ゴム手袋をして掻きだしてくれるの。ウンチが固まらないよう、お腹もマッサージしてくれる。ついでに、足のマッサージもね。もう至れり尽くせりさ。

　もういつ空の上に戻ってもいいんだけど、あんまりマユミさんのそばが心地よくてね。マユミさんもあたしが旅立ったらガクッときちゃいそうで、もう少し、もう少しと、頑張ってるのさ。

　この穏やかなしあわせの中で、ふっとある日、旅立ちたいねえ。

「旅立つにはもってこいの天気」と思えた朝にでもね。

episode

14

猫だって……

ワイルドを楽しみたい！

牧場暮らしの
ネコ助くん。
育ての親は
ドーベルマンで、
馬も友達。
日々、牧場を駆け回り、
ワイルドさに
磨きがかかります。

オレの名は、ネコ助。
安直につけられた感じがしないでもないけど、恩人の父ちゃんと母ちゃんがつけた名前だし、自由猫のオレにぴったりの飄々《ひょうひょう》とした名前かと、最近はそこそこ気に入っている。

今でこそ、「都会ではとんと見かけないワイルドな顔つき」とよく言われるオレだけど、3年半前には、「助けてよー。カラスが怖いよお」って、妹といっしょに弱々しく泣いていたチビだったんだ。

オレたち兄妹は、まだ目も開いてない頃、ビニール袋に入れられて、空き地の木の枝に吊るされ、捨てられた。カラスが集まってきたから、ブルブル震えてた。
近くの小道を馬に乗って通りか

かったのが、母ちゃんだった。馬に乗った高さだったから、「ニー、ニー」ってかすかな声に気づいてもらえたんだ。

父ちゃんと母ちゃんは、近くで、3人の娘たちといっしょに開墾《かいこん》して作った牧場をやってた。

オレたち兄妹は一家に面倒を見てもらって、命が助かった。子守りはジャクソンがしてくれた。

ジャクソンは、ドーベルマンなんだ。4年前に保健所経由で、ここにやってきたらしい。ニンゲンが好きで遊びたがりのジャクソンは、元の飼い主に「飛びつく、吠える」って理由で遺棄《いき》されたんだって。

父ちゃんと母ちゃんは、ジャクソンに愛情深くしつけをして、はしゃぎ気味だけど、誰にでもフレンドリーなやさしい犬に育てたんだ。

だから、オレたちのことも、舐めるように愛してくれたよ。オレが、親愛を込めて「ジャクソン」と呼び捨てにしても、怒らない。

妹はすぐにもらわれていって、今はお嬢様してるらしい。牧場に残ったオレは、ジャクソンといっしょに毎日車に乗って、自宅から牧場に通うんだ。

柵の陰でオレはジャクソンを待ち伏せして、足に噛みつく。「待てぇ」と、ジャクソンが追いかけてくる。

ガブガブガブガブと噛みまくるジャクソン。シャシャシャシャッと鋭い爪で応戦するオレ。舞う土ぼこり。とまあ、オレたちのレクリエーションは、こんなもんさ。ジャクソンは甘噛みで、オレのひっかきは寸止めだけどね。

チビの時から父ちゃんが馬に乗せてくれたから、乗馬も得意なんだ。

高い木に登るのもへっちゃらさ。オヤツにはそのへんのバッタやコオロギを食べる。

オレ、捨て猫だったせいか、食い意地張ってんだ。ジャクソンのご飯を盗み食いしてばかりいたら、獣医さんにダイエットしなさいと言われちまった。

夜中に、食卓の上にあった袋入りの食べ物を片っ端から落として、ジャクソンの牙で噛みちぎってもらい、いっしょに全部食べたことがあった。あん時は、罰で、朝ごはんはふたりとも抜きだった……。

牧場の周りは、原っぱや畑や雑木林があって、ひとりで毎日冒険に出かける。ジャクソンは、誘っても牧場からは出ないんだ。

冒険に夢中になって、家に帰る時

間に気づかなくて、牧場に置いてけぼりになっちゃうこともあるんだ。次の朝は「なんで置いてくんだよう」って、父さんたちに甘えまくっちゃうけどね。

こないだ、父さんたちが話してた。ジャクソンの体に「シュヨウ」が見つかったんだって。「いいシュヨウ」は手術でとったけど、また「悪いシュヨウ」が見つかって、もう手術はしないで、ジャクソンの今の元気が少しでも長く続くように暮らさせる、って。

ジャクソン、まだまだいっしょにワイルドを楽しもう。もうご飯を横取りしたりしないから、ずっとずっと、オレたち、ワイルド・コンビでいようぜ。約束だよ。

episode

15

猫だって……

最後まで人を信じてる

路上に倒れた猫が
見つめていたのは、
「生」という
ほんのかすかな明るみ。
そして、
やさしい手が……。

ボクは、ママが大好きだ。一日に何度も「抱っこ、抱っこ」とせがんで、胸に顔を埋める。下ろされそうになると「いや、いや、いや」としがみつく。

「また、リオのやつ、ママに甘えてらあ。大きくなりして。ママもリオに甘いんだから」

ナッツたちが呆れた目で見ていても、やめられない。

だって、ここは、ボクがやっと見つけた安住の場所。ママのやさしいハートの一番近くにいつもいたいんだ。

ボクは、ママのそばで、「生き直し」を始めたばかり。真っ暗闇を這いずっていたボクを救ってくれたのは、ママたちだった……。

そう、1年前のあの日。

じりじりと真夏の太陽が照り続けていることだけはわかった。周りに人垣ができていることも。

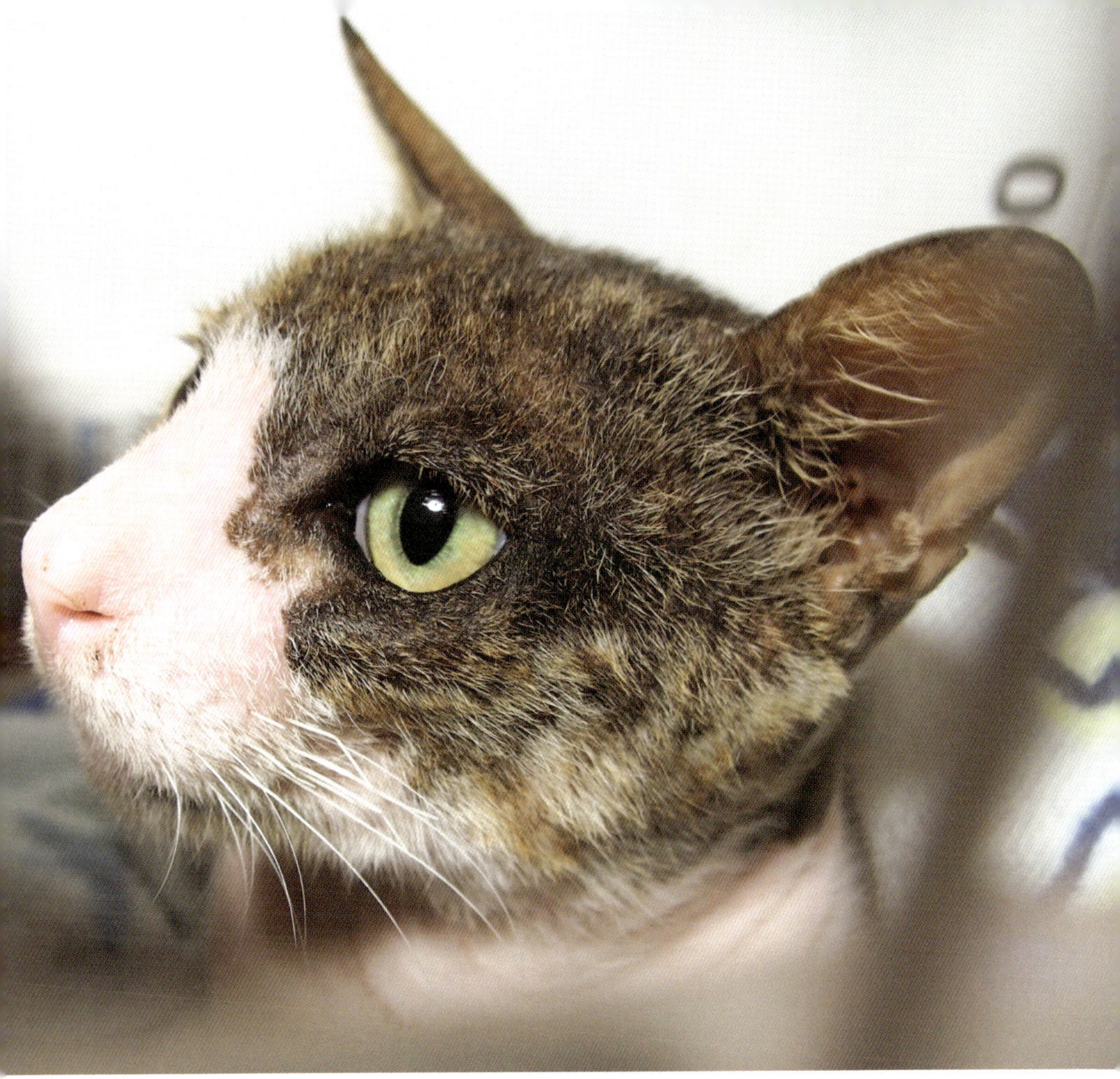

ボクがいるのは、灼《や》けたアスファルトの上らしい。最後の力をふりしぼって首をもたげ、「助けて」と叫んだ。

「生きてる」

まわりがどよめいた。誰かが水を入れた容器を口元に置いてくれた。ボクは、それをゴクゴク飲んだ。また誰かが、猫缶を開けて置いてくれた。それもガツガツむさぼった。

いったい何日、食べ物も水も口にしていなかっただろう。皮膚病になってから、どこへ行っても気味悪がられて追い払われた。この通りにふらふらとさまよい着いた時には、目も鼻もかさぶたに覆われて、闇に閉ざされてしまっていたんだ。

若い声がした。デンワをかけている。

photo: CHISE

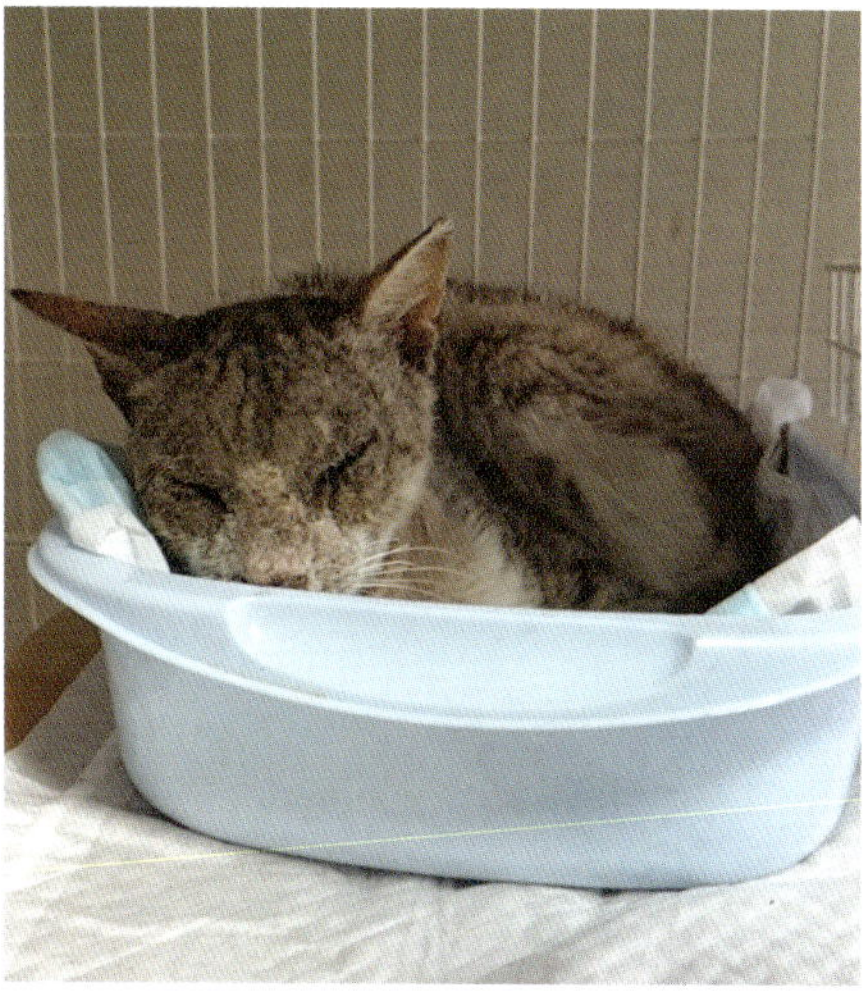

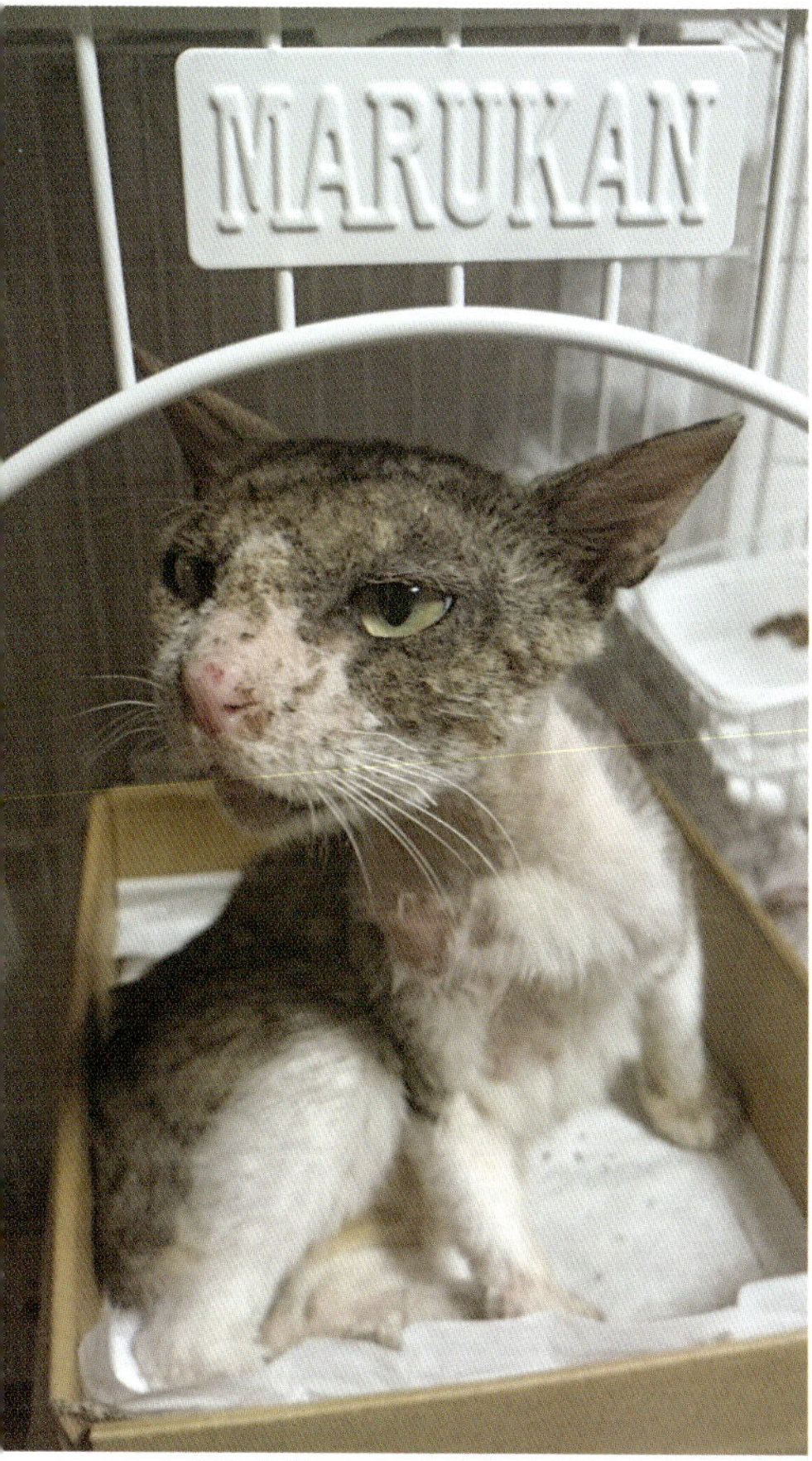

photo: CHISE

photo: CHISE

「母さん。猫が行き倒れてる。ほっとけない。チセさんにすぐ電話して、ケージを持ってきてもらって。T銀行の前！」

そうして、ボクは保護され、すぐさま動物病院に運び込まれた。

ボクを助けた声の主は、大学生の哲《てつ》くん。飛んできたのが、今のボクのママのチセママだった。

ボクは、「カイセン」という、ヒゼンダニが皮膚の下で繁殖し続ける皮膚病の末期だった。あばら骨は浮き出て、ひどい脱水症状もあって、衰弱死寸前だったんだ。

ボクは、チセママのおうちで治療を続けることになった。ママのところには先住猫が四匹いた。この病気は、かさぶたからも他の猫にうつっちゃうから、ボクは大きなケージハウス

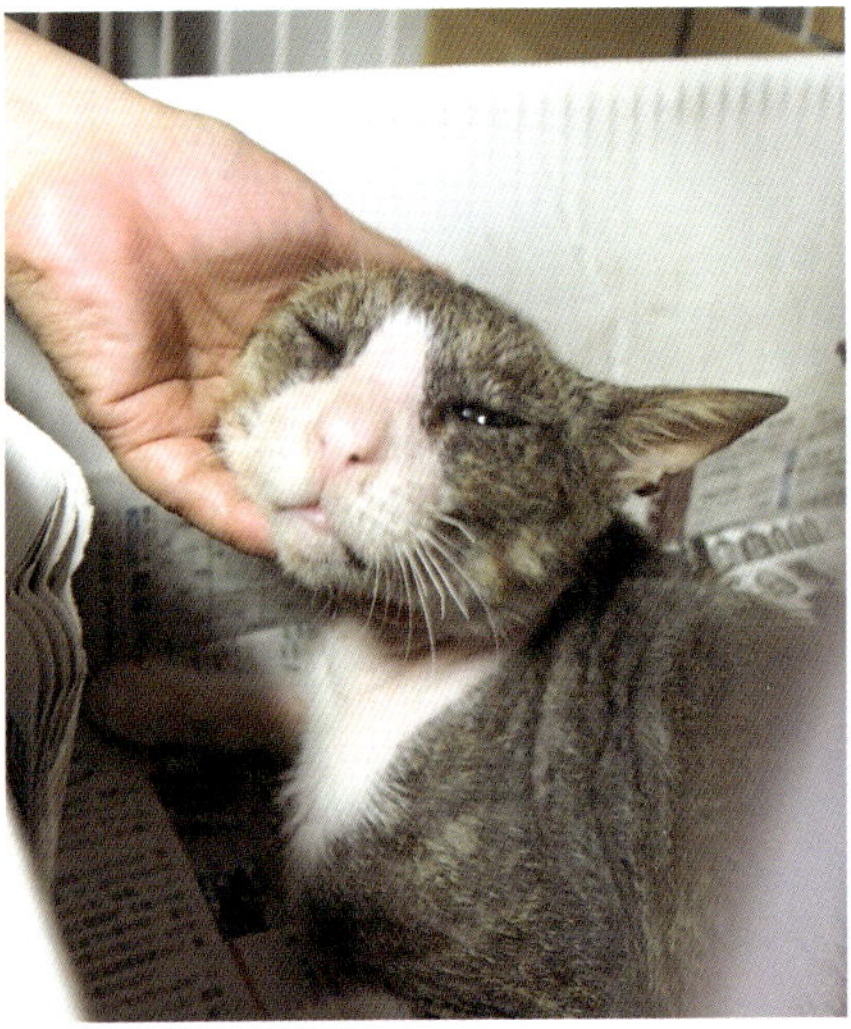

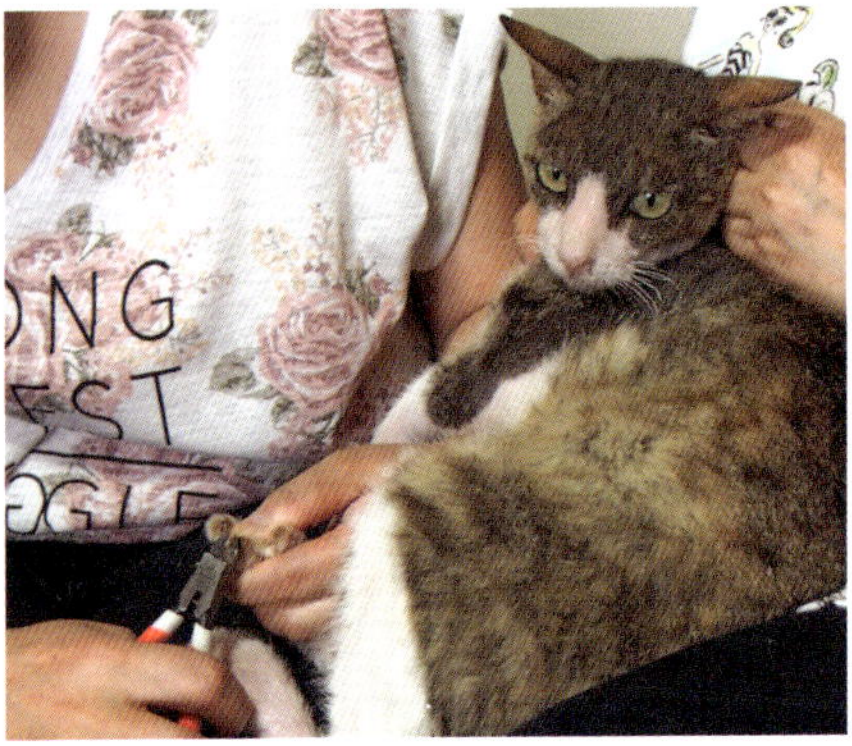

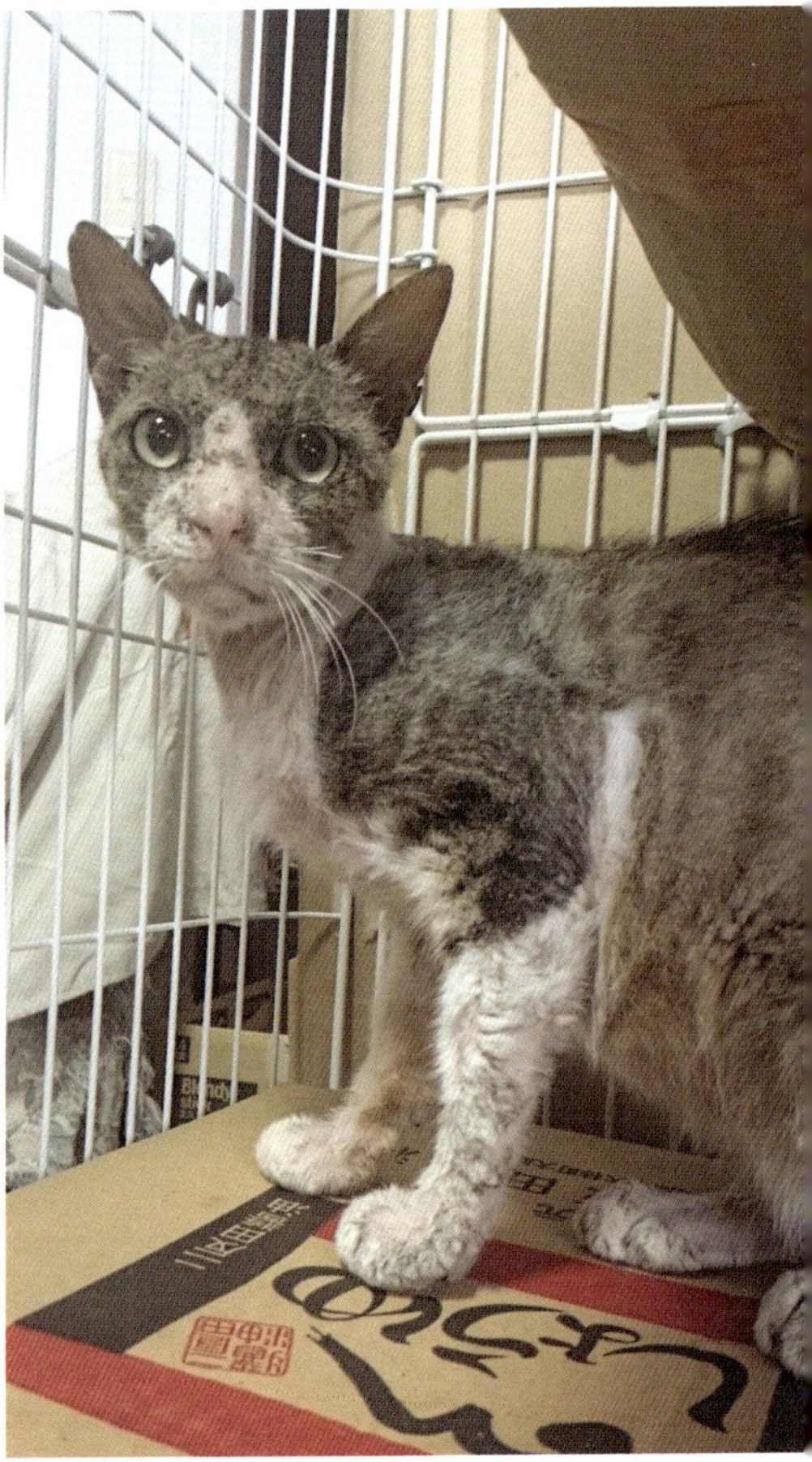

photo: CHISE

に完全隔離《かくり》された。

ボクの通院治療やお世話は、ママと同じマンションに住む猫好き仲間がチームを組んで分担してくれることになった。チームには、哲くんのママもいた。

保護されて4日目に、まぶたのかさぶたが取れて目が開いた時、ボクは、うれしそうな顔と歓声に囲まれてた。初めて見るのに、懐かしいような顔ばかりだった。

「わあ！ こんな綺麗な黄緑の目をしていたのね」

「完治したらイケメンになりそう」

「それじゃあ、リオ・イケメン化プロジェクトの始まりね！」

ボクは、「リオ」って名をもらったんだ。ちょうどリオ・オリンピックの最中だったから。

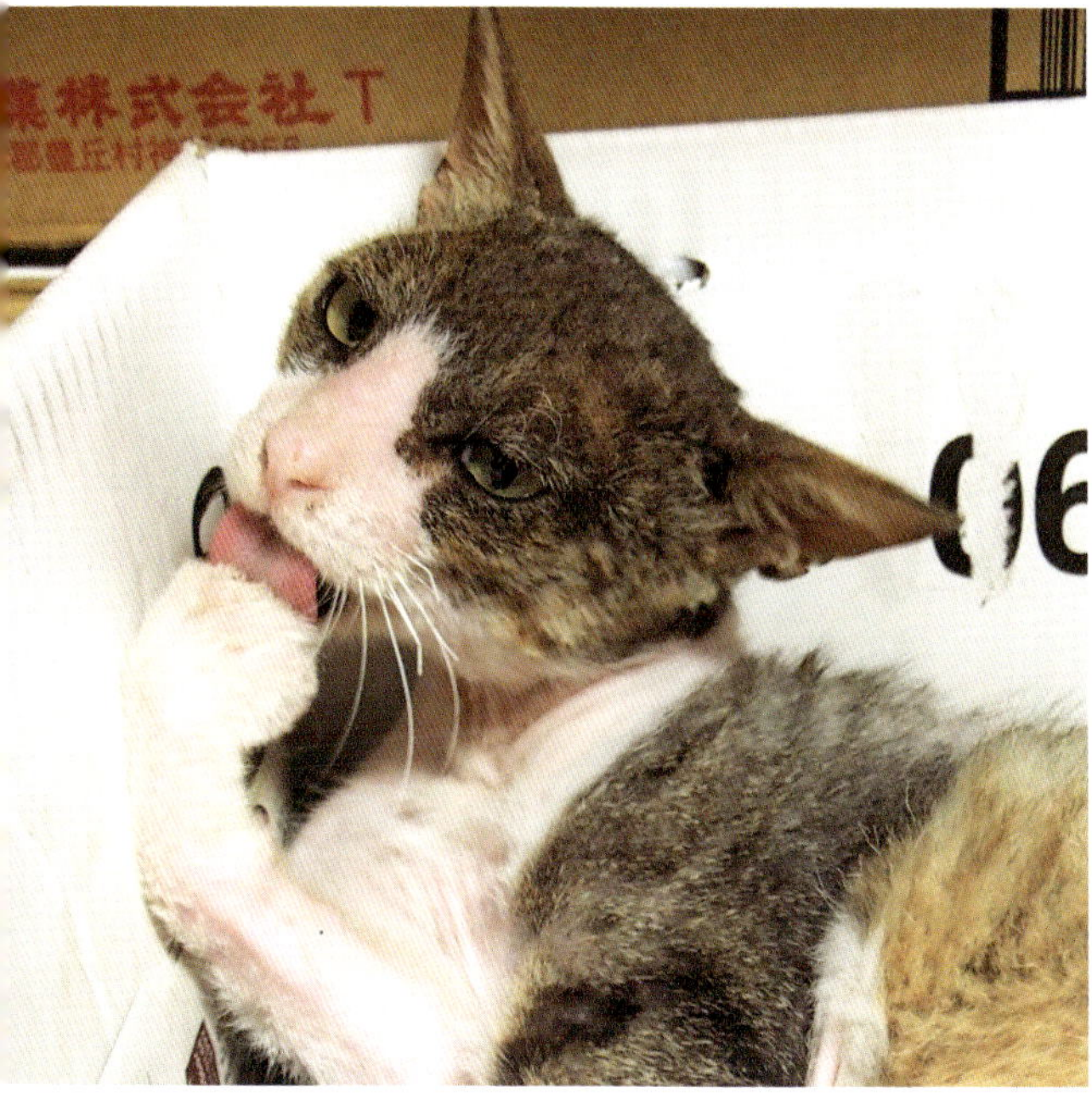

ボクのカイセンは重度だったから、ケージ生活は8週間続いた。救ってもらったことはわかっていたけど、長いノラ生活のせいで、ボクはママたちになかなか心を開けずにいた。

「リオはいい子。お利口さん。早くイケメンになろうね」

ママは、そんなボクにいっぱい話しかけてくれた。

「だいぶ皮膚がやわらかくなったね。初めて触った時は石のようだった。可哀そうに、いろんなつらい思いをしてきたんだね……」

そう言って、まだざらざらのボクの背中を撫でながら、泣いてくれたんだ。ボクの心は、太陽にあたった氷のようにとけていった。

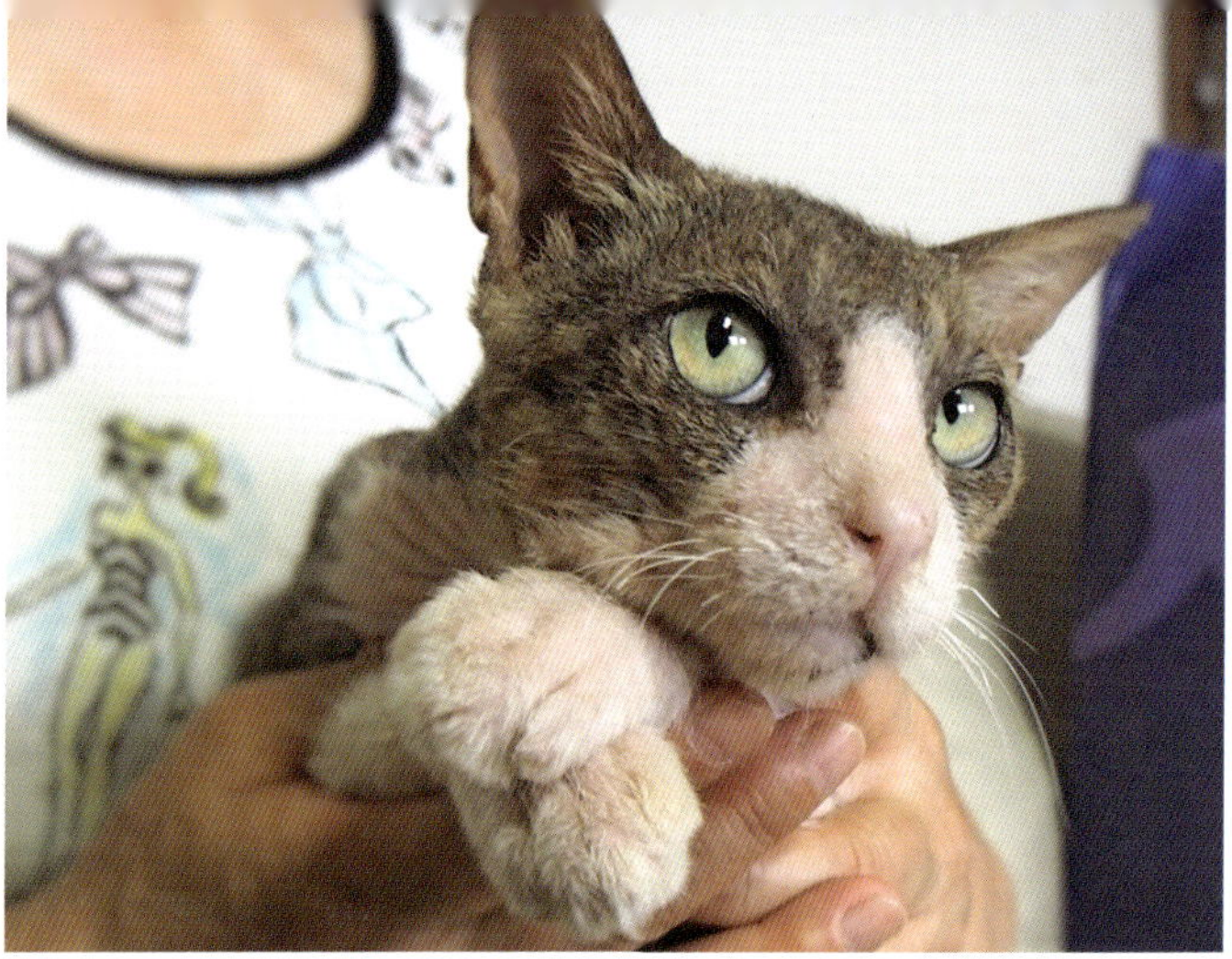

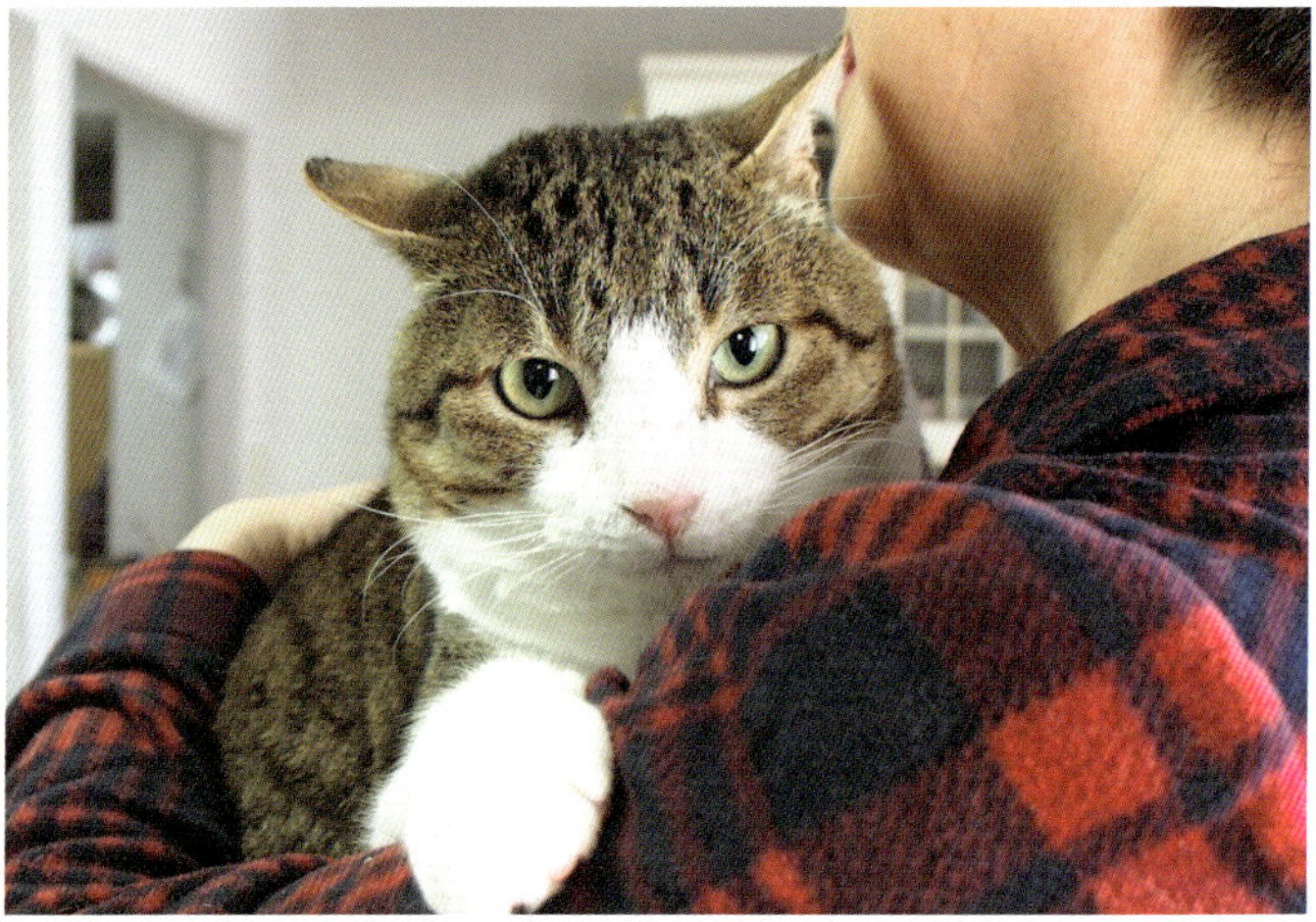

カイセンがすっかり治って、ケージから出された時、先住猫の風太も福音《ふくね》もピーもナッツも、すんなりボクを仲間に迎えてくれた。みんな、つらい過去のあるワケアリの保護猫だから、他猫《ひと》の苦労がわかるんだ。
ボクの体重は、保護された時は3キロなかったけど、2週間目には4キロ半になって、今じゃ7キロ近くにもなった。とんがっていた目は、

すっかり丸くなった。

遊びにくるプロジェクト・チームは、みんな言うよ。

「やっぱりイケメンだったね」

「どう見ても別猫。魔法みたい」

そう、哲くんやママたちが、ボクに魔法の粉をかけてくれたの。やさしい愛の魔法の粉を。

ボクを捨てたのも、病気になったボクを疎《うと》んじたのも人間だったけど、それでもボクは、心のどこかで人を信じてた。

あの時、真っ暗闇の中で、遠くにかすかな明かりが見えたんだ。

最後まで人を信じててよかった！

ボクは、今、生きてる！

だから、今日も、ボクは思いきりママに甘えるんだ。

episode

16

猫だって……
約束を守り続ける

「猫を飼いたい」
それが、ワタルさんの最後のわがまま。
そして、迎えられたのは、
沖縄からやってきた女の子でした。

わたしの名は「しずか」。

「うんとかわいらしい名前にしよう」って、ドラえもんのマドンナ「しずかちゃん」と同じ名をつけてもらってから18年半。お父さんもお母さんも、私のこと、とっても大事にしてくれるわ。

わたしね、今も、お兄ちゃんがこの家にいるみたいな気がするの。

お兄ちゃんが「末期がん」と宣告されたのは、まだ21歳の時だった。お父さんとお母さんは、残された日々を悔いなく過ごさせてやろうと考えて、願い事を尋ねたの。

返事は「猫を飼いたい」だった。

お父さんたちは、ペットショップでかわいい仔猫を買おうとしたけれど、お兄ちゃんは言ったのよね。

「違うんだ。ノラ猫とか捨て猫とか、そんな猫を一匹しあわせにしてやりたいんだ」

そして、沖縄で保護されたばかりのわたしが迎えられたの。お兄ちゃんはわたしを、小さな妹ができたみたいにかわいがってくれたわ。寝る

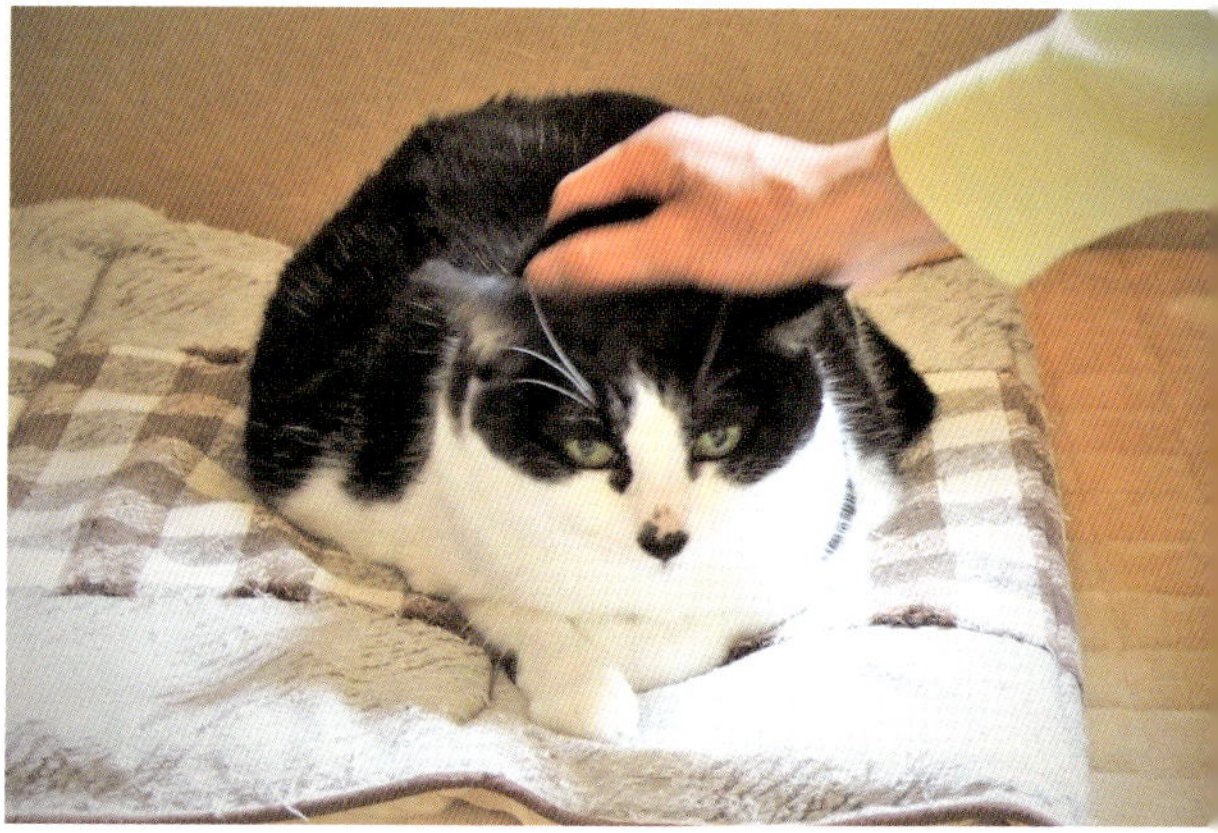

時も寄り添って眠った。お兄ちゃんがトイレに入れば、わたし、ドアの前で待ってた。

わたしが避妊手術を終えて帰ってきた時は、「傷つけなくてもいい体に、勝手に傷をつけてごめんね」って、そっと撫で続けてくれた。

そのうち、お兄ちゃんは、おうちより病院に入っている時間が長くなってきて、とうとう戻ってこなかった……。

あの日から、15年。わたしは、19歳のおばあちゃん猫になったけど、ふっくら体型でまだまだ元気。お父さんもお母さんも元気に穏やかに暮らしているよ。

写真立ての中のお兄ちゃんも、いつまでも若くて笑顔のままだね。

お兄ちゃん、わたし、知ってるよ。お兄ちゃんが「猫を飼いたい」って言ったのは、わがままじゃなかったことを。自分がいなくなった家で、お父さんとお母さんが笑顔を忘れて悲しい顔で過ごさないよう、わたしのこと、新しい家族に迎えてくれたんだよね。

「ボクがいなくなっても、みんなで
仲良くね」
「任せといて」

お兄ちゃんとそっと交わしたあの
約束を、わたし、ちゃんと守ってる。
安心してね。

episode

17

猫だって……

自慢したいパパがいる

海辺の町の
アメ車販売店の看板猫、
ジュニアちゃん。
大好きだったパパの
思い出とは……。

P105 ～ 108 photo: Garage Joker

「猫には父性愛なんてない」

ニンゲンたちはよく言うけれど、そんなことない。グレオパパは、アタシの命を守ってくれたし、生涯をかけて愛してくれたわ。

パパがどんなにカッコイイ男だったか、聞いてちょうだい。

パパは、この海辺の町に、若い頃、流れてきたの。どの猫よりも堂々とした長毛の灰色猫で、それまでのボスを追い落として、新ボスになったんだって。

どんな仕打ちを受けてきたのか、ニンゲンには絶対に心を許さなかったそうよ。目が合うだけで、牙をむいて威嚇《いかく》するから、ますますニンゲンたちから疎《うと》んじられた。

そんなパパが空腹のあまり、アメ車販売店のまわりを何日かうろついてたら、その会社に勤めてるお姉さんが、そっとご飯を置いて、見ないふりをしててくれたんだって。毎日ご飯を食べに行くようになっても、パパったら、お姉さんと目が合うと

威嚇してたらしいの。

「ずいぶんたったある日、不覚にもお姉さんの足元にスリンとしてた」って、パパは言ってた。

　お姉さんは「会社猫にしたい」って、社長に頼んでくれたの。パパも、片時も気の抜けないノラ生活からそろそろ足を洗いたいって思ってたんだって。

　生粋のノラだったから、しばらくは、店と外半々ぐらいの暮らしだったけど、去勢手術を受けたあと、会社猫になったの。手術をした獣医さんが「こんなに大きなタマタマは見たことがない」って仰天してたって、パパは自慢してた。

　会社猫になって3か月くらいたったある日、突然、ドアに体当たりしてパパは訴えた。「外に出してく

れ！」って。あまりの必死さにお姉さんが出してやると、パパはどこかへ消えた。

　しばらくして、仔猫を連れて戻ってきたの。パパに瓜二つの灰色の長毛猫。お姉さんは「グレオの子だってすぐにわかった」って。

　それが、アタシ。

　パパは、アタシを会社の玄関前に座らせ、自分はちょっと離れたところから見ていた。

「自分で、ここの子にしてくださいって交渉しろ」ってことよ。社長は、すぐに「いいよ」って言ってくれたわ。

　アタシはまだママの死が理解できなくて、パパのおっぱいをチュパチュパ吸った。パパは痛いのを我慢して吸わせ続けてくれたの。乳離れするまで、毎日ずっと。

　パパとアタシは、いつもくっついてる仲良し親子だった。パパは、アタシのこと、それはそれは愛してくれたの。去年、病気で天国に行っちゃうまで。

　パパが迎えにきてくれたあの日の

こと、アタシ、ちっちゃ過ぎてよく覚えてないの。だけど、あのあと、お姉さんがこんな話をおそば屋さんから聞いたんだって。
「四匹の子を育ててたノラ母さんが交通事故で死んで、三匹は保護したけど、一匹は逃げて見つからなかった。灰色の子だった」って。
あの日、パパは、遠いアタシのかすかな泣き声を聞き逃さなかった。アタシたちは、パパの最後の子。パパは泣き声からすべてを察して迎えに飛んできてくれたの。
パパがいなくなったあとは、さびしすぎて、お腹を舐め続けて毛がはげちゃった。でも、今はもう大丈夫。アタシの胸の中には、大好きなパパとの日々が大切にしまい込まれているから。

column

「フェリシモ猫部」とは？

「フェリシモ猫部」は、通販フェリシモで猫好きが集まる部活動。
“猫と人がともにしあわせに暮らせる社会”を目指して、
基金つき猫グッズの企画・販売や、WEB連載など、様々な活動をしています。

WEB連載

猫漫画やフォトエッセイなど猫の連載が充実。佐竹茉莉子さんの「道ばた猫日記」は毎週火曜日更新です。

猫グッズ

「猫の肉球の香りハンドクリーム」、猫型マシュマロ「ニャシュマロ」など、何かと話題のオリジナルグッズを販売。

猫部トーク

2017年7月に猫好き専門のSNS「猫部トーク」がオープン！ 毎日変わる投稿お題で盛り上がろう！

フェリシモ猫部VISAカード

お買い物金額の一部が犬猫のために自動的に寄付されるクレジットカード。お買い物で猫助けに参加。

フェリシモ猫部の基金活動

フェリシモ猫部は、商品を基金付きで販売しています。その他、毎月100円「フェリシモ わんにゃん基金」などを通じて、気軽に基金活動に参加できます。集まった基金は、飼い主のいない動物の保護と里親探し活動、野良猫の過剰繁殖防止活動などのため、全国約60の動物愛護団体に拠出されます。その他、猫の譲渡会の開催や、「ふるさと納税」を通じた神戸市との提携など、犬猫の殺処分を減らすため様々な活動を行っています。

フェリシモ猫部　http://www.nekobu.com/
猫部トーク　https://nekobutalk.com/
@felissimonekobu

フェリシモ 猫部《ねこぶ》 TM 猫好き集まれ！

episode

18

猫だって……

捨てられないものがある

里親募集の写真に
一目ぼれされて、
家猫になった
まんぷくちゃん。
そんな彼には、
ただひとつ、
捨てられないものが
あるのです。

ボクの名は、まんぷく。「名が体を表してるね」ってよく言われるよ。

こう見えて、ボク、このおうちにもらわれるまでは、外暮らししてたの。マンションの自転車置き場のすき間を、1年ぐらいねぐらにしてたんだ。

仔猫の時は、おうちの中で暮らしてたことを覚えてる。なぜだかわかんないけど、ある日、ノラになっちゃったんだ。

小石を投げつけようとする悪ガキもいたけど、たいていの人はかわいがってくれたよ。ご飯を運んでくれる人が何人かいたから、ノラになったばかりの時は痩《や》せてたボクは、どんどん丸くなっていったんだ。

近場で猫への虐待が続いた時、心配した人が保護してくれて、「まんぷく」って名をつけてくれたの。「福がたくさん来るように」「一生食べ物に困らないように」って。

ネットの「里親募集」サイトでボクのお供え餅みたいな写真をたまたま目にして、一目ぼれしちゃったのが、今のお母さんなんだ。

乗り気でないお父さんといっしょにボクに会いにきてくれた時、ボク、ふたりのお膝元でゴロンゴロンしちゃったの。とってもやさしそうだったから。

お母さんはもちろん、お父さんまで、たちまちボクに陥落しちゃったよ。

ふたりとも、猫と暮らすのは初めてなんだって。朝は顔舐めで起こされることや、玄関でお出迎えをされることが、すっごく新鮮だったみたい。ボクは、ゴハンの催促《さいそく》をしてるんだけどね。

たっぷり愛されて、もう何にもいらないボクなんだけど……たったひとつ、ゼッタイ捨てられたくない財産があるの。それは、この家に来たばかりの時に見つけて入り込んじゃって以来、ボクの個室にしている段ボール箱。

いっつもそこに入ってるから、ボ

クの体型に合わせて、膨らんできちゃった。お母さんが、新しい箱を用意してくれたけど、これがいいの！　もう追い出されることのない、おうちの中のおうちで、すごく安心していられるの。
　ボクの気持ちをわかってくれて、お母さんが「まんぷくハウス」って書いてくれたよ。角が破れてくると、修理もしてくれるの。
　ボク、真剣になると、オデコに縦じわが何本か寄るんだって。ハウスに入っていろんなポーズをしてる時、必ず縦じわが寄ってるって、お父さんもお母さんも大笑いしてる。
　これからも、毎日笑わせてあげるから、ボクの大切なまんぷくハウス、どんなに古くなっても捨てないでね！

episode

19

猫だって……

愛をつないで生きていく

車の販売店で
看板猫を務める
仲良し黒猫たち。
二匹の絆物語の始まりは、
拾われた
一匹の子犬からでした。

アタシ、ナデシコ。相棒は、同じ黒猫で2年上のヤマト。新車と中古車の販売店の、箱入り息子と箱入り娘なの。

アタシたち、事務所にご来店のお客さまには、カウンターから「いらっしゃいませ」をするし、お買い替えのご相談には、ソファーの脇で立ち会うのよ。

そっくりで見分けがつかないって言われるけど、よく見れば、ヤマトはアタシより大きくて精悍《せいかん》な顔つきをしてるってわかるはずよ。

店内に飾ってある写真の子犬は、「ブーちゃん」。ヤマトはブーちゃんと最後の1年半をいっしょに暮らしたけど、アタシはブーちゃんを知らないの。

ブーちゃんは、母さんがまだ独身の頃に、妹が公園で拾ってきた捨て犬だったんだって。母さんの母さんは病気で寝たきりだったから、子犬の里親探しが始まったわ。

だけど、子犬にすっかりなつかれてしまった母さんの母さんには、生きる張り合いが生まれたの。それで、おうちで飼うことになったんだって。

ブーちゃんは、人の気持ちがよくわかる犬だったそうよ。ブーちゃんがいつも枕もとにいてくれたおかげで、母さんの母さんは、そのあと6年も頑張れたの。

かわいがってくれた人を亡くしたあと、ブーちゃんはご飯を食べなくなった。母さんが「ブーちゃんを連れて行かないで」ってお空に向かってお願いしたら、やっとブーちゃん

photo: カーミリオン

photo: カーミリオン

は食べ始めたんだって。

ブーちゃん連れで結婚した母さんは、父さんとこの店を開いたの。ブーちゃんは長いこと看板犬を務め、年老いていった。

6年前の夏には、ブーちゃんは首も曲がり、動けなくなって、余命1か月と診断されてた。もう16歳半だったの。

そこへ、舞い込んできたのが、ガリガリにやせて衰弱した真っ黒い仔猫。その子に添い寝してるうちに、ブーちゃんは、みるみる元気になったの。ご飯もパクパク食べ出して、仔猫の姿が見えないと探し回るほど。

ブーちゃんの寿命を1年半も延ばしたその子が、ヤマト。

ブーちゃん亡きあと、しょんぼりしてるヤマトを見て、母さんは「可哀そうな猫がいたら迎えよう」と

photo: カーミリオン

photo: カーミリオン

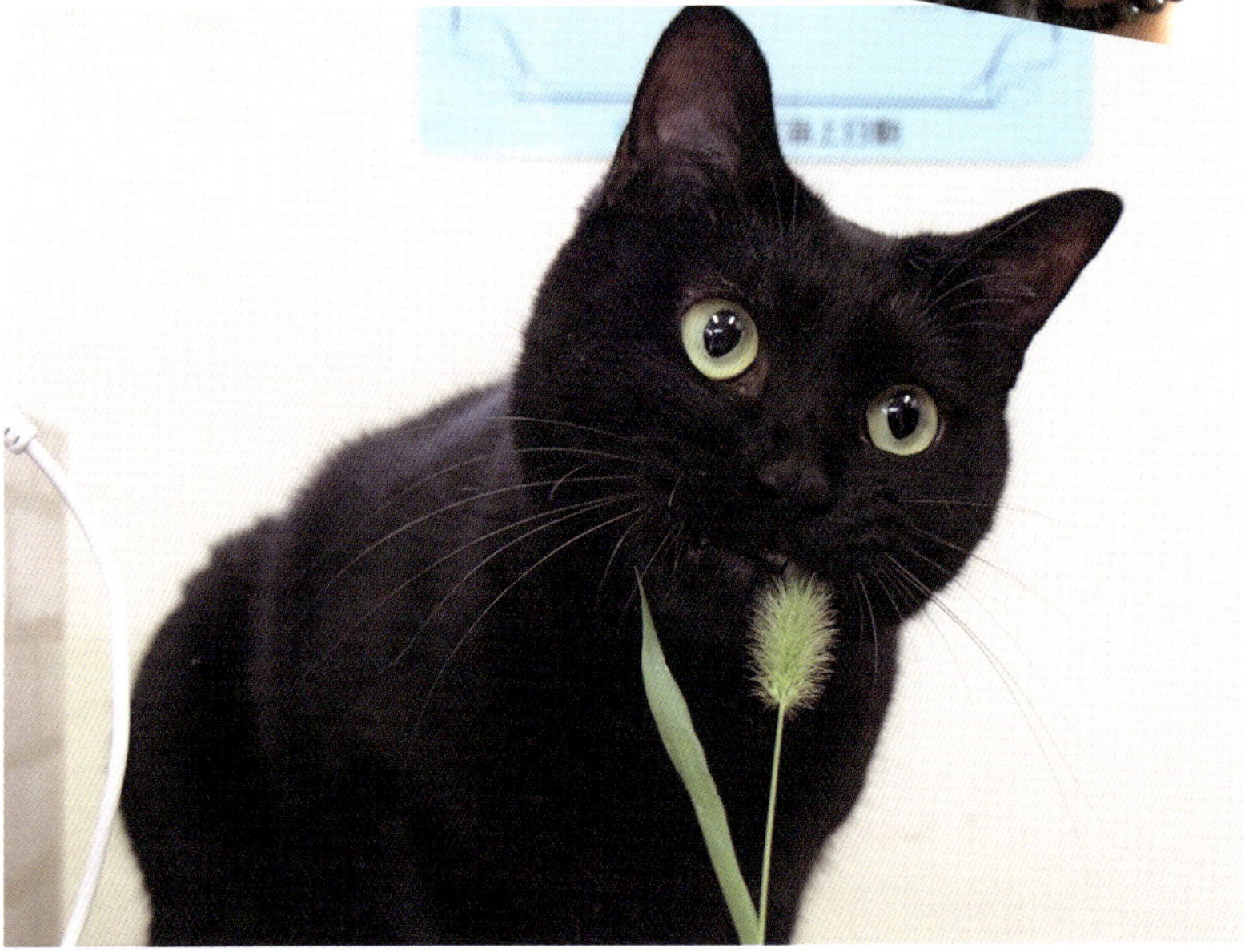

思ったんだって。

　そんな時、近所でノラの女の子が保護されたと聞いて、母さんはヤマトに聞いたの。

「お嫁さん、ほしい？」

　ヤマトは、「ニャア」と即答したって。それで、アタシがもらわれたってわけ。

　ヤマトは、小さかったアタシのこと、それはそれはかわいがってくれた。大きくなっても、大の仲良しよ。

　ヤマトは、犬の母さんに育てられたから、おもちゃをくわえてきて父さんたちに「遊んで」とせがんで、投げるとまたくわえて持ってくるの。

　そうそう、アタシには、ひとつだけ困ったクセがあってね、布を食べちゃうの。だから、母さんは、布を

全部引き出しにしまって、じゅうたんもキャットタワーのロープもはがしちゃった。

　でもアタシ、この前、商談中のお客様の靴紐をこっそり食べちゃった！　すぐ病院にかつぎこまれたけど、お客さんからのお咎《とが》めはなしだったわ。猫好きだったから。

　母さんは言うの。

「ヤマトとナデシコは招き猫。猫がかわいがられてる店なら信用できるって言っていただけて、いいご縁がいっぱい」って。

　アタシたち猫は、「無条件に愛された記憶」をけっして忘れない。大切に大切に胸の奥にしまい込んでいる。その記憶が、「アイジョウ」の輪をつなげていくの。人間だって犬だって、おんなじだと思うな。

episode

20

猫だって……

やさしい人のそばがいい

町の人にかわいがられ、
外猫として
頑張っていた
ミケちゃん。
ある嵐の夜、
朝までそばに
いてくれたのは
やすらぎさんでした。

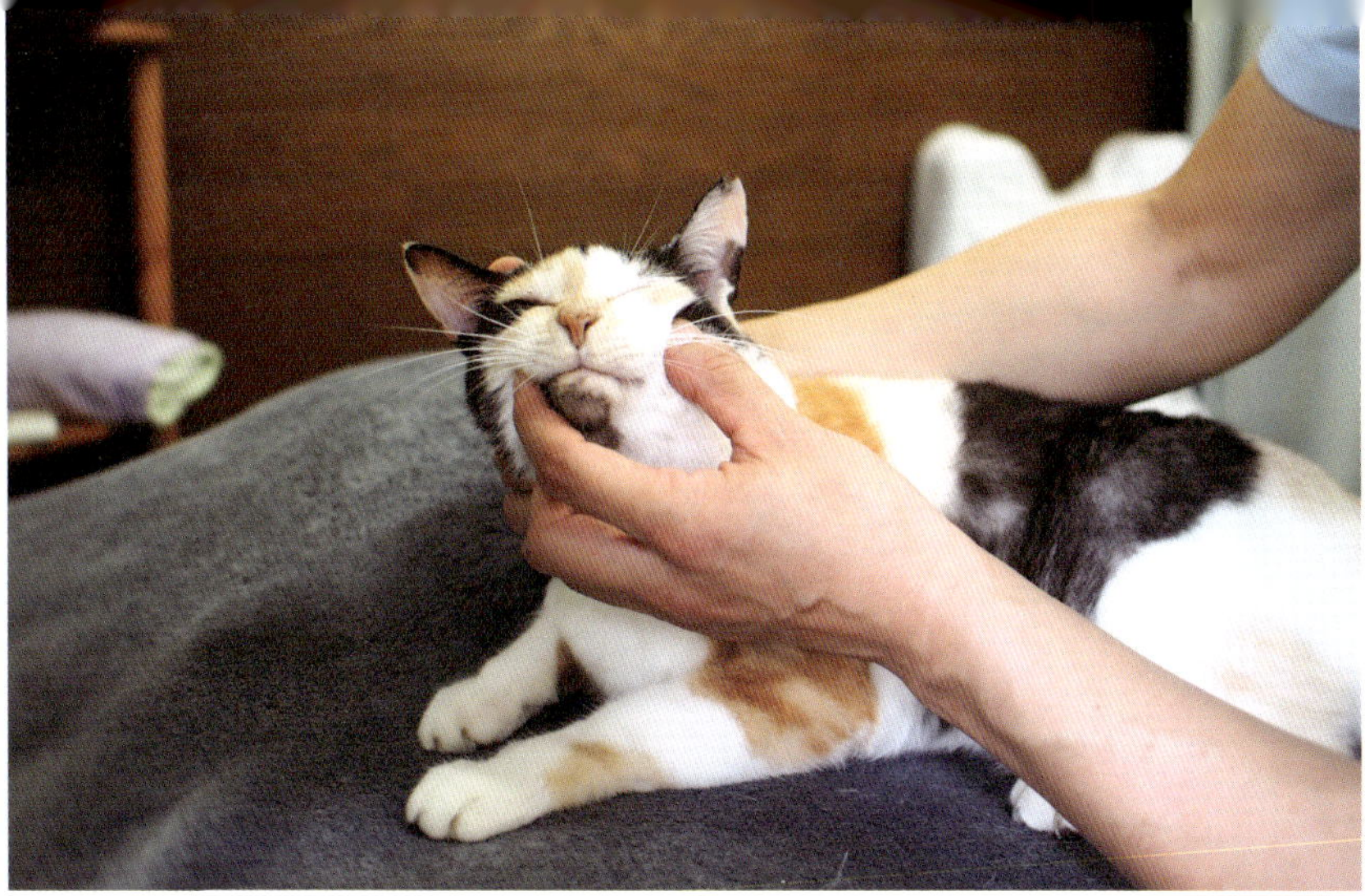

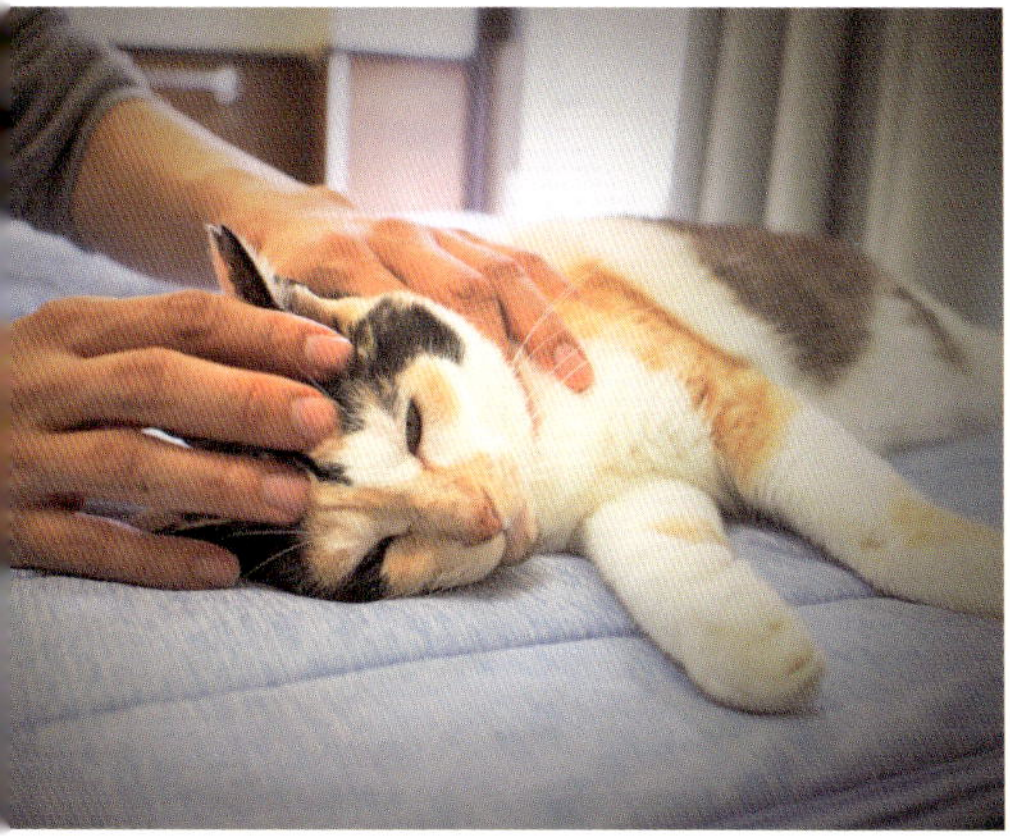

アタシの名は、ミケ。やすらぎさんがつけてくれたの。

「穏やかないいお顔してるね」ですって？　ふふ、アタシ、今、やすらぎさんにスペシャルマッサージをしてもらってる最中だもの。やすらぎさんの手は、とってもあったかいの。声もいつだってやさしいの。

やすらぎさんと出会ったのは、5年前。アタシがまだ1歳くらいの時よ。当時のアタシは公園を住処《すみか》にしてて、ご飯をくれる美容室まで毎日通ってた。やすらぎさんのお店はその手前にあったの。

「鍼灸《しんきゅう》・マッサージ　やすらぎ治療室」と名札のある、角の小さなお店だった。ドアのガラス越しに見るその男の人の目はとってもやさしかった。

今、やすらぎさんはこう言うの。

「いつも恥ずかしそうにのぞいてたね。あの頃のミケちゃんは、幼な顔なのに、外で生きるさびしさや哀しみを知った目をしてた」

アタシ、生まれつき、後ろの右足がないの。

「うわぁ、あの猫、足がない！」

「可哀そうな猫だなあ」

そんな言葉を町で投げかけられるのは、しょっちゅうだった。走るのも速くて、ふつうの猫と変わらないのに。

やすらぎさんの目には「哀れみ」なんてなかったわ。「味方だよ」って、その目は言ってた。やすらぎさんはお店の外でアタシにご飯をくれるようになったわ。

アタシのこと、かわいがってくれてる人は、やすらぎさんや、やすらぎさんの奥さんや、美容室さんのほかにもいたわ。

やすらぎさんのお向かいの2階に住んでるおばあちゃんは、足が不自由だったけど、ときどき下までおやつを運んでくれた。下まで降りてこられなくなってからも、2階の窓から、よく手を振ってくれた。

P122 ～ 123 photo: やすらぎ治療室

朝、やすらぎさんがお店にやってくる自転車の音が聞こえると、アタシは通りの向こうから、ノウサギのように駆けつけたわ。

雨や風が強い日、やすらぎさんはお店の中に入れてくれた。ソファーでくつろいだり、足元にスリスリしたり。屋根の下はあったかかった！

でも、お店を閉める時間になると、「ごめんね」と言って、お外に出されたの。

「ミケちゃんをおうちの中で暮らさせてあげたいけど、飼えない事情があるんだ。お店も、いろんなお客さんが来るからね……。もし、店猫にできたとしても、ずっとお外で暮らしてたミケちゃんは、お店にひとりでお泊まりなんてできっこないよね」

やすらぎさんはつらそうだった。おうちに帰っても、外に出す時のアタシの哀しそうな目が忘れられない、って。

そのうち、やすらぎさんは、アタシのために、朝5時にお店に来てくれるようになったの。天候や事故や病気や虐待や……いろんなことが心

配のあまり。

ある日、やすらぎさんは言ったわ。

「ミケちゃんの里親を探そうと思うんだ。会えなくなるのはさびしいけど、ミケちゃんが事故に遭ったり、病気になってしまうことの方がつらいんだ……」

やすらぎさんのそばがいい！　そう伝えたかったけど、やすらぎさんを困らせたくなくて、アタシは、ただじっとやすらぎさんを見上げてた。

アタシは、里親探しの前に、避妊手術を受けることになったの。やすらぎさんが毎日発信してる「ミケちゃん」っていうツイッターを見てる人たちが、手術費用の足しにと、カンパを送ってくれたわ。

手術の後、わかったの。アタシの子宮は腫れあがってて、ほんの少し

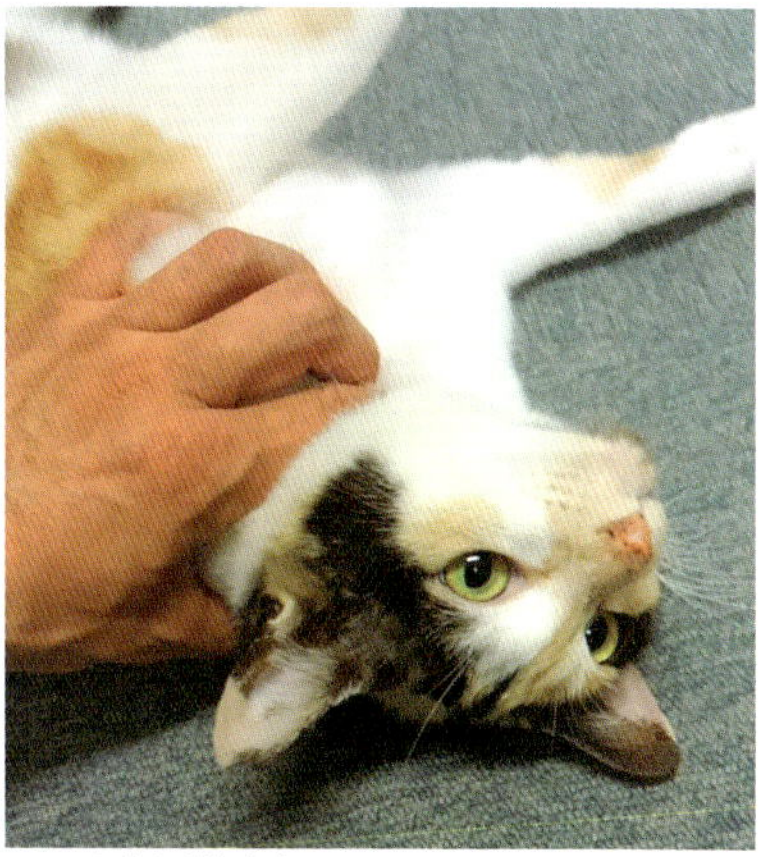

photo: やすらぎ治療室

遅れてたら命はなかった、って。

ある嵐の夜だった。自転車置き場の隅っこでうずくまっていたアタシを見て、やすらぎさんは、涙を流しながらそっと抱き上げ、お店に連れてって、朝までいっしょにいてくれたの。手術して間もないアタシが、嵐の夜を外でひとりぼっちで過ごさなければいけないことに、胸が締めつけられたんだって。

そのあと、凍えるような寒さで、どうしてもお外に出たくない夜が来たの。「ミケちゃんだけで泊まるのは無理」って思ってたやすらぎさんだったけど、嵐の夜になんにも困らせることをしなかったアタシだったから、とっても心配しながらも、思い切って泊まらせてみてくれた。

次の朝、とってもいい子でお泊まりしたアタシは、飛んできたやすらぎさんをとびっきりの笑顔で迎えたの。

「どう？ ちゃんとひとりでもお泊まりできるわ」

その朝、やすらぎさんは決めたの！ アタシを店猫にして一生しあわせにする、って。里親は決まりかけていたのだけれど。

photo: やすらぎ治療室

photo: やすらぎ治療室

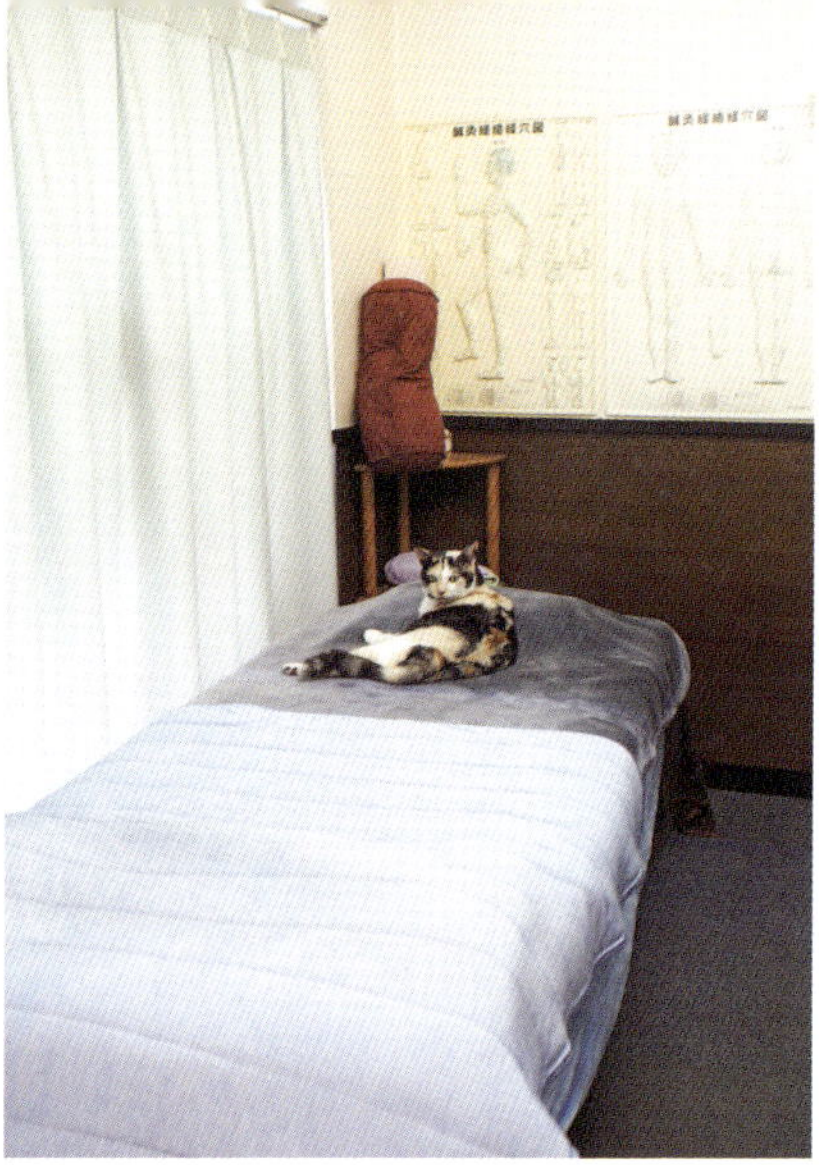

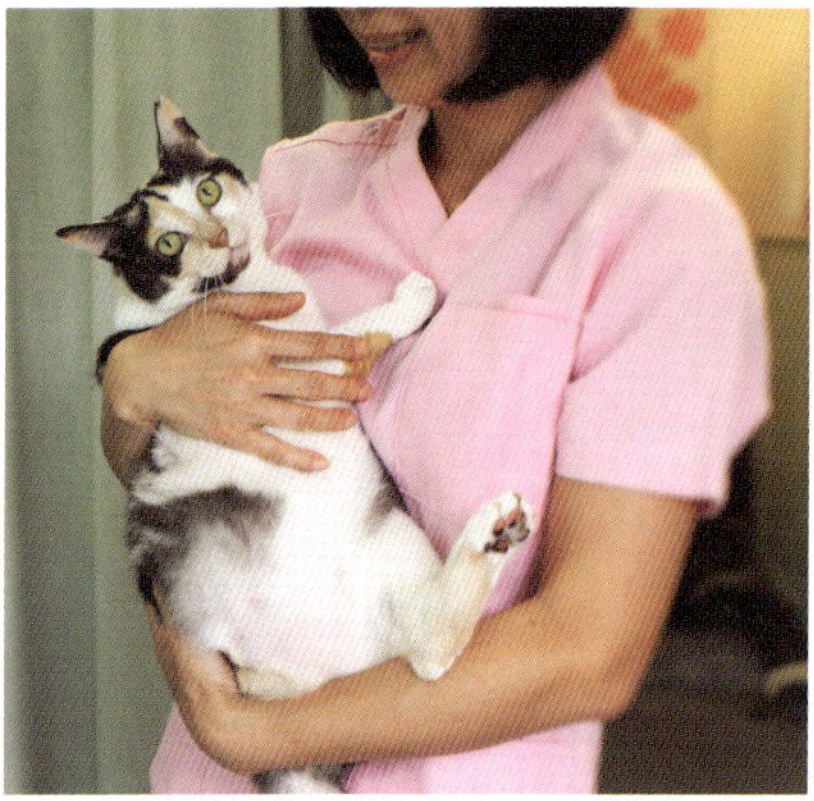

photo: やすらぎ治療室

アタシは、大きなベッドとトイレとカーテン付きの個室をもらったの。やすらぎさんが専用マッサージ師と専用シェフもしてくれてるの。受付をしてるやすらぎさんの奥さんもすごくかわいがってくれる。夕方の散歩に出てもすぐに帰ってきちゃうくらい、アタシ、ここが気に入ってるの。

やすらぎさんが、アタシのしあわせを心から願ってくれたこと、よおく知ってる。だから、ここで暮らすルールを自分で作ったの。

①いたずらはしません。
②厨房には入りません。
③猫好きのお客さん以外の時は個室で気配を消しています。

ちゃんと守ってるわ。

アタシのファンのお客さんも増え

photo: やすらぎ治療室

てきたのよ。奥さんを亡くしたばかりの80代のおじいちゃまは、アタシに会うのをそれは楽しみにしてくれてる。

この前、新聞配達のお兄ちゃんに言われた。

「わあ、ここの猫になったんだ！　公園からいなくなって心配してたけど、よかったあ」

やすらぎさんは、雨の日も、風の日も、雪の日も、おやすみの日も、いつだって、アタシのために早朝出勤を続けてくれてるわ。この頃は、5時よりも早いの。

きょうも、アタシ、やすらぎさんをドアの前で待ち構えて迎えるの。ほら、こんなとびっきりの笑顔で。

「大好きなやすらぎさん、おはよう！」

episode

21

猫だって……
しあわせになりたい

大阪の路地裏にある
民家カフェ。
6年前、そこにたどり着いたのは、
一匹の小さな黒猫。
今では、看板猫を務めます。

シ

ジミ、ってアタシの名前は、ゆいこさんがつけたの。

ゆいこさんは、大阪の古い町の路地でカフェをやっているの。アタシは、そこの看板猫。

「いらっしゃいませ」とまずはご挨拶しといて、お食事中は遠慮するけど、食べ終わった頃を見計らって、ぴょんと膝《ひざ》乗りするのが、アタシ流接待よ。ニンゲンが大好きなの。

7年前、捨てられたアタシがお腹を空かせてたどり着いたとこは、この店の前だった。ガラスの引き戸のすき間から、オレンジ色の灯りと、いい匂いが漏れていたわ。

店終《みせじま》いして出てきたゆいこさんは、お店の真ん前にちょこんと座ってるガリガリのアタシを見て、すぐにご

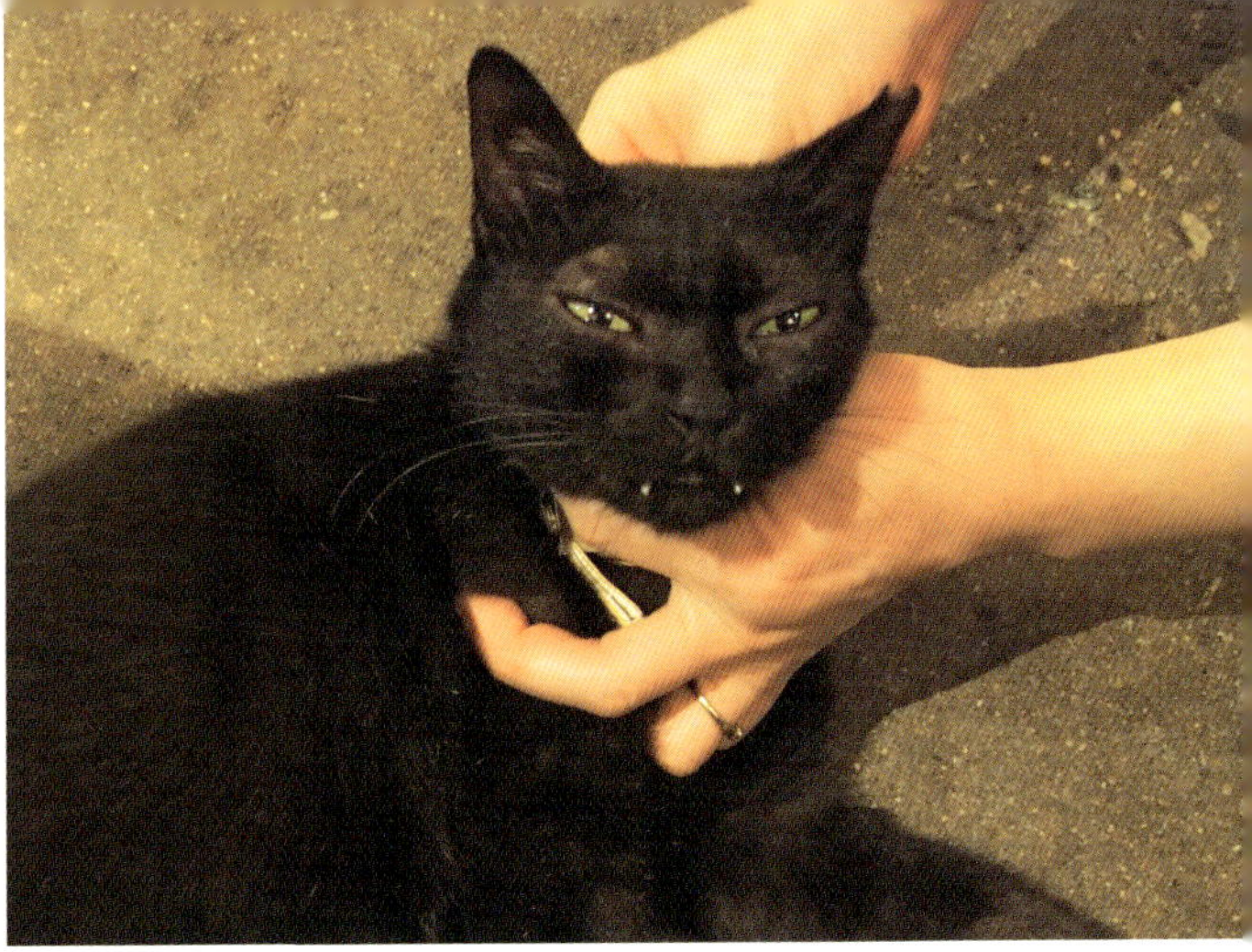

飯をもってきてくれたの。

「神様にあの店に行きなさいって言われて、訪ね当ててきたみたいだった」って。ふふ、それは内緒。

アタシをどうするか、ゆいこさんは頭を抱えたわ。おうちは保護猫たちで定員オーバー。お店もペット不可物件だったから。

ゆいこさんは、京都住まいの大家さんに、まごころ込めて手紙を書いた。「シジミちゃんをお店で飼わせてもらえないでしょうか」って。

そして、アタシはお店猫になったの。さまよってた頃を思い出すから、入口の戸が開いていても、ゼッタイにお外には出ないわ。

ゆいこさんは、ひとりで、界隈《かいわい》の路地猫たちの避妊去勢手術をやってきたの。はじめは理解してくれなかった町内会長さんたちも、今は、手をつないで協力してくれているのよ。

アタシの後も、ワケアリ猫たちをしあわせにするため、ゆいこさんは休む暇もなかった。

アタシと同じ黒猫のワタは、引っ越しで置き去りにされて、空き家になった玄関前で、何日も何日も「入れて、入れて」と泣いてた子。
もうおばあちゃんになりかかる年になって、ワタは、元の我が家のまわりをうろつく路上暮らしになったの。ワタは、飼い主が迎えにくるのをずっと信じてたと思う。
そんなワタのことを耳にしたゆいこさんは、家に引き取って、「ゼッ

タイにしあわせにしてあげる！」って約束したの。ワタは、その言葉通り、今、やさしい家族のもとでのんびり暮らしてる。

去年、天国に戻っていったノリは、白血病と猫エイズのダブルキャリアだった。ヨレヨレで、この店の前までたどり着いて、「お前も神様に教えられてきたの？」ってゆいこさんに言われてた。

ノリは、アスカちゃんちにもらわれて、「ふつうの猫」として、たっぷりと愛されて旅立っていったわ。

しあわせになりたい。アタシたちの小さな声をすくいあげて、ゆいこさんは、今日も頑張ってる。だから、アタシも、恩返しに、せっせとお客さまにまごころサービスをしなくちゃ！

episode

22

猫だって……
それぞれのドラマを生きている

飼い猫から路地猫に。
保護されてからは、
いじめのターゲットに。
そして、初めての友だち。
巨猫《おおねこ》マッコさんの
一生は、
数奇なものでした。

アタシ、マツコ。

2年前までは、保護猫ラウンジにいたの。

この真っ白な大きな体で、お客さんたちに人気だった。「マダム・マツコ」とも呼ばれていたわ。ラウンジの保護猫の中では、最古参だったっけ。

「マツコさんをわが家に」って申し出てくれる人は何人もいたの。

でも、決まらなかった。なぜなら、アタシをラウンジに託した保護主さんの譲渡条件は、「一匹飼い」だったから。みな先住猫がいるおうちばかりだったの。

ラウンジに来るまでは、どうしていたかって？

仔猫の時は飼われていたのよ。でも、体が大きくて、毛質がオイリーだったから、自分ではだんだん毛づくろいができなくなっていったの。

薄汚いアタシは、外に出された。

駅裏の駐車場をねぐらにしたわ。だから、ますます汚れ猫になった。

覚えてますか!?
この駐車場に居たこの子
この駐車場に現れた頃はこんなに
毛が固まっていなかったようです
頭なでる人などたくさんの人が気にかけてくれてましたが背中の毛が固まりこのままでは病気にな
しました。見かけなくなって気にしてくれてた方もいらしたと思います。ご安心ください！！
photo: キャットラウンジ ME

photo: キャットラウンジ ME

おとなしいズタボロ猫というので、可哀そうがられて、いろんな人がいろんな食べ物を分けてくれたわ。背中の毛は、房になってガチガチに固まってしまって、重かった。

　このままでは、病気になってしまうって、心配してくれた人たちが、アタシを保護してくれたの。「ご安心ください」って書いた貼り紙が、駐車場に貼られた。ホッとしてくれた人はずいぶんいたと思うの。

　でも、保護してもらったおうちで、アタシは、先住保護猫たちのいじめのターゲットにされてしまったの。大きくて、動きがとろくて、無抵抗だから。

　家具のすき間に頭を突っ込んで、じっと我慢している毎日だった。

　見かねた保護主さんは、アタシを保護猫ラウンジに預けたの。一匹飼いでかわいがってもらえるおうちが見つかるように、って。

　ラウンジでも、アタシは、やんちゃ盛りの猫たちの、しつこいいじめやからかいのターゲットになったわ。ちょっかいを出されると、とろとろと悲しそうに逃げるのが、おも

しろいらしいの。

アタシはほとんどの時間を、別室の物陰に隠れて過ごすようになったわ。

あの頃は、食べることだけが楽しみだった。運動不足とストレスのために、10キロを超えてしまって、ダイエット食になったわ。

ポンちゃんがここにやってきたのは、アタシがここにきて2年たとうとする頃よ。

彼は、福島の帰宅困難地域で保護されて、シェルター経由でやってきたの。元はおうちの子だったみたい。

大きくて、堂々とした男だった。どんな猫にもフレンドリーで、たちまちラウンジのボス的存在になったの。

彼は、アタシをいじめなかった。それどころか、かばうように、そばにいてくれたの。

photo: キャットラウンジ ME

初めてポンちゃんがアタシにスリンとしてくれた時、アタシもスリンとお返しをしたわ。初めての友だち！ どんなにうれしかったか。

ポンちゃんがアタシに寄り添ってくれてるから、誰もアタシに手出しをしなくなった。やっと、ラウンジの真ん中で、のびのびくつろげるようになったの。

そんな時、やってきたのが、やさしそうなお姉さん。お姉さんは、アタシの温厚さとふかふかボディーに一目ぼれをした。

アタシとポンちゃんがあんまり仲がいいから、「ポンちゃんといっしょの里親に、ってダメですか？」って申し出たの。でも、ラウンジの答えはこうだった。

「保護主さんの絶対条件は、一匹飼いです」

それで、アタシだけ、お姉さんちにもらわれることになったの。ところが、正式手続きの時になって、ラウンジからお姉さんに、思いがけない申し出が。

「保護主さんから、ポンちゃんといっしょに、というご提案です」

保護主さんが、「あんまり仲がいいのでいっしょにいさせてやりたい」って、条件を変えてくれたの！

P136 photo: マツコ・ポン mama

アタシたち、保護主さんやラウンジの人たち、たくさんのファンから、大祝福されて、揃って家猫になったわ。お姉さんは、アタシたちのお母さんになったの。

「これまでつらい思いをいっぱいした分、しあわせに」って、お母さんはたくさんの愛情をお日さまのように注いでくれた。お母さんとポンちゃんとの毎日は、本当に安らかで、しあわせだった……。

アタシは、今、空の上。アタシの病気の発症は、仕方のないことだったの。放浪生活が長かったんですもの。

アタシがいなくなって、うろうろと探し回ったポンちゃん。半年たつのに、自分を責めて、ショックから立ち直れないでいるお母さん。聞いてほしいの。

いろんな人に手を差しのべてもらったこと。お母さんに出会ったこと。ポンちゃんに出会ったこと。ポンちゃんとお母さんと家族になれたこと。アタシにとって、それが、どれほどうれしかったか。

しあわせなドラマを生きさせてくれてありがとう。

お母さん、もう少し気持ちが落ち着いたら、アタシのように、おうちがほしくてたまらない子に、またしあわせなドラマを与えてやってほしいな。

アタシたち猫って、そうやって、愛をつないで生きてきたの。

ポンちゃん、新入りが来たら、その子はアタシが送り込んだ子だからね。仲良くしてやってね。

photo: キャットラウンジ ME

その後のお話①

episode 3 「ちくわ」

居候をしてた牧場から突然、「保健所行き」を宣告された時は、一貫の終わりかと、焦りまくったぜ。

ここで引き受けてもらって、もうすぐ1年。今じゃすっかり、里山猫軍団の一員さ。

オレのあともワケアリが次々やってきたもんで、オレは「新入り」を卒業して、「おっきな体の頼れる先輩」になったんだ。

オレがあんまりどっしり構えてるもんだから、里山カフェに来るお客さんの間じゃ「陰のボス」って噂も流れてるらしいけど、ここのほんとのボスはさっちゃんさ。

さっちゃんは、全身マヒの10歳のおじさん猫だけど、いろんな仔猫になつかれて、ママがわりをやったらしい。最近も謙治を育て上げた。弱っちかった謙治が、みるみる立派になって、次にきた小鉄や小春たちの教育係をやってのけたのには驚いた。

ここじゃ、大自然の巡りのように、命や愛情が循環してるんだ。ここで風に吹かれていると、そのことがよおくわかるよ。

その後のお話②

episode 7 「楓」

パパに一目ぼれされて、このおうちの子になったアタシ。ビビリもちょっと治って、「甘えんぼのカエちゃん」って言われてるの。まだお客さんは怖くて隠れちゃうけどね。

ママは猫を触れるようになったし、ヒズキくんの猫アレルギーも出ていないわ。

パパは、この辺りのおうちのない猫たちのしあわせのために、前よりもっと本気になってて、ママもそれに協力してるの。

アタシんちは、いまや、ちょっとしたシェルターよ。

アタシと同じ保護猫ラウンジにいて、いろんな猫からちょっかい出されて引きこもってた「かりん」も、パパは迎えてくれた。足をケガしてた「むう」も、皮膚炎がひどかった「シルバー」も、ビビリん坊の「チャッピー」も、みんな元ノラよ。

そうそう、ハルカちゃんは、獣医になる夢のために受験勉強を頑張ってる。パパの活動をそばで見てて、何か感じたみたい。アタシたちもひそかに応援してるのよ。

その後のお話③

episode 9「虎之介」

チビが茶太郎になって、遠くへ行っちゃったあと、ほんとはしばらく、何をしてもつまらなかったんだ。

でも、ボク、またお兄ちゃんになったの！ 今度は『ずっとのお兄ちゃん』さ。

夕ご飯の焼き魚の匂いにつられて、網戸からのぞいていたノミだらけのノラの女の子が、妹になったんだ。

「チビの時はさびしい思いをしたね。この子は、もうどこにもやらないよ」って、ママが約束してくれたの。

パパが味方してくれたから、「猫は二匹はいらない」って許さなかったおばあちゃんが、目をつぶったんだ。

チビの女の子は「瀬奈」って名になって、週末はボクといっしょに、ママの車で丘の上の美術館に通ってる。

ボクと瀬奈は、仲良しこよし。おばあちゃんはボクたちをかわいがってくれるし、前は口げんかばっかりしてたママとおばあちゃんも、この頃、なんだか仲がいい。

「猫のチカラ」って、ママは言ってるんだ。

その後のお話④

episode 11

「ゴン」

自由気ままな外猫から、拉致されて家猫になって、あっという間に1年がたった。ここでも気ままにやらせてもらって、仲間とも楽しくやってるよ。

オレのあり余ってたほっぺたの肉は、去勢手術のあと、だいぶ落ちた。「大顔のいいオトコ」から「シュッとしたいいオトコ」に変身さ。

体型もかなりシェイプアップしたよ。

「あのまま、スーパーの前でいろんな人から脂っこい物もらってたら、成人病になって長生きできなかったよ」って、お母ちゃんは言ってる。

お父ちゃんとは、今も毎晩いっしょに寝てる。「重いんだよ、ゴンは」って言われるけど、お父ちゃんもかなり重そうだぜ。

お父ちゃんがパソコンの前に座ると、待ってましたとばかり膝に飛び乗るオレ。大きな手で喉を撫でてもらうのが、気持ちいいのなんの。至福の時なんだ。

フーテンのゴンと呼ばれたのは、今は昔さ。

猫とは、かくも愛情深き生きもの

猫って、なんてかわいいんだろう。細くても太ってても、人懐こくてもビビリでも、愛らしくてもコワモテでも、性格よくても悪くても、仔猫でも老猫でも。

猫に対するそんな思いは、子どもの時から変わりません。猫との付き合いも長く幅広くなった今では、さらに、「猫って、なんて愛情深くて、潔い生きものだろう！」という畏敬の念が、いや増すばかり。

この本を「猫に語らせる」という切り口にしたのは、よりいっそ

う、猫たちの気持ちに寄り添ってほしかったから。読み聞かせしてもらって、小さなお子さんも猫の気持ちになってもらえたら、というひそかな願いも込めました。

猫も私たちと同じく、喜び、悲しみ、愛し、愛されて、日々をつつましく生きています。そして、私たちと同じく、生き方もしあわせのカタチも十猫十色です。

人も猫も、個性を尊重し合って、しあわせに共生できる社会でありますように。

佐竹茉莉子

佐竹茉莉子《さたけまりこ》
フリーランスのライター・写真家。路地や漁村、取材先の町々で出会った猫たちのしたたかけなげな物語を写真と文で伝えるべく、小さな写真展を各地で開催中。生まれた時からいつもそばに猫がいた。フェリシモ猫部にてブログ「道ばた猫日記」を連載中。
フェリシモ猫部
http://www.nekobu.com

Staff

デザイン
岡 睦、更科絵美（mocha design）

イラスト
野村彩子
佐竹茉莉子（P.100、P.142－143）

企画・進行
永沢真琴　高橋栄造　中嶋仁美
説田綾乃　湯浅勝也

販売部担当
杉野友昭　西牧孝　木村俊介

販売部
辻野純一　薗田幸浩　草薙日出生
高橋花絵　亀井紀久正　平田俊也
鈴木将仁

営業部
平島実　荒牧義人

メディア・プロモーション
保坂陽介
FAX　03-5360-8052
Mail　info@TG-NET.co.jp

制作協力
株式会社フェリシモ

猫だって……。

平成29年12月10日　初版第1刷発行

著　者　佐竹茉莉子

発行者　廣瀬和二

発行所　辰巳出版株式会社
〒160-0022
東京都新宿区新宿2丁目15番14号　辰巳ビル
TEL　03-5360-8960（編集部）
TEL　03-5360-8064（販売部）
FAX　03-5360-8951（販売部）
URL　http://www.TG-NET.co.jp

印　刷　図書印刷株式会社
製　本　株式会社セイコーバインダリー

ISBN　978-4-7778-1991-1　C0095